现代电梯技术系列规划教材

电梯电气识图与维修

主　编　金美琴
副主编　刘志刚　高利平

苏州大学出版社

图书在版编目(CIP)数据

电梯电气识图与维修/金美琴主编. — 苏州：苏州大学出版社，2021.8
现代电梯技术系列规划教材
ISBN 978-7-5672-3545-8

Ⅰ.①电… Ⅱ.①金… Ⅲ.①电梯－电气控制－识图－高等学校－教材②电梯－电气控制－维修－高等学校－教材 Ⅳ.①TH211

中国版本图书馆 CIP 数据核字(2021)第 141768 号

电梯电气识图与维修
金美琴 主编
责任编辑 马德芳

苏州大学出版社出版发行
(地址：苏州市十梓街1号 邮编：215006)
苏州市深广印刷有限公司印装
(地址：苏州市高新区浒关工业园青花路6号2号厂房 邮编：215151)

开本 787 mm×1 092 mm 1/16 印张 15 字数 356 千
2021 年 8 月第 1 版 2021 年 8 月第 1 次印刷
ISBN 978-7-5672-3545-8 定价：45.00 元

若有印装错误，本社负责调换
苏州大学出版社营销部 电话:0512-67481020
苏州大学出版社网址 http://www.sudapress.com
苏州大学出版社邮箱 sdcbs@suda.edu.cn

前言

随着城市建设的不断发展，高层建筑不断涌现，作为建筑物内的交通运输工具，电梯在国民经济和居民的日常生活中有着广泛的应用。安全可靠、高效、高速、舒适和节能是电梯研发、生产一直追求的方向。经过160多年的发展，现代电梯的技术含量日益提高。全球大多数电梯都在中国制造和生产，研究电梯技术，改善电梯性能，具有极其广阔的应用前景。

本书是根据电梯工程技术专业的人才培养目标，结合专业建设和学生的发展，聘请企业专家参与，融入职业标准，由学校、企业、行业专家合作开发并编写而成的。在内容上为"双证融通"的专业培养目标服务，在方法上适合"教学做"一体化的教学模式改革。

本书主要介绍了电梯电气原理图的识读和常见线路故障的维修知识，并以苏州远志科技有限公司生产的电梯电气实训考核装置为例，详细介绍了电梯电气故障维修技术。本书编入了较多的新技术、新设备、新工艺的内容，以期缩短学校教育与企业需求的差距，更好地满足企业用人需求。

本教材是集体智慧的结晶，由南通科技职业学院的金美琴任主编，南通科技职业学院的刘志刚、高利平任副主编，参加编写的人员还有苏州远志科技有限公司的高级工程师陆晓春，南通科技职业学院的黄小丽、贾宁宁。

感谢苏州远志科技有限公司提供了10只电/扶梯控制柜及其全套图纸供我们实训。本书在编写过程中参考了一些电梯控制技术方面的教材和资料，在书后的参考文献中已列出。这些宝贵的资料对完成本书的编写起到了非常重要的作用，在此特向参考文献的作者表示衷心的感谢。

电梯控制技术发展迅速，不断有新的理论、方法和技术产生。由于编者水平有限，时间仓促，书中难免会有一些不足甚至错误的地方，恳请读者批评指正。

目录 Contents

绪　论 ………………………………………………………………………（ 1 ）

单元 1　识读信号控制电梯电路图 ……………………………………（ 3 ）

　　任务 1.1　识读信号控制电梯主电路 ……………………………………（ 3 ）
　　任务 1.2　识读信号控制电梯安全回路 …………………………………（ 11 ）
　　任务 1.3　识读信号控制电梯召唤和楼层显示电路 ……………………（ 15 ）
　　　　任务 1.3.1　识读楼层控制回路 ……………………………………（ 15 ）
　　　　任务 1.3.2　识读轿内指令信号回路 ………………………………（ 17 ）
　　　　任务 1.3.3　识读厅外召唤指令信号回路 …………………………（ 19 ）
　　　　任务 1.3.4　识读楼层信号显示回路 ………………………………（ 21 ）
　　任务 1.4　识读信号控制电梯主控制电路 ………………………………（ 24 ）
　　　　任务 1.4.1　识读自动定向回路 ……………………………………（ 25 ）
　　　　任务 1.4.2　识读启动关门、启动运行回路 ………………………（ 27 ）
　　　　任务 1.4.3　识读门锁、检修、抱闸、运行继电器工作回路 ……（ 27 ）
　　　　任务 1.4.4　识读加速与减速延时回路 ……………………………（ 28 ）
　　　　任务 1.4.5　识读停站触发与停站回路 ……………………………（ 30 ）
　　　　任务 1.4.6　识读运行、加速、减速与平层回路 …………………（ 31 ）
　　任务 1.5　识读信号控制电梯开/关门回路 ……………………………（ 34 ）

单元 2　识读 PLC 控制电梯电路图 ……………………………………（ 40 ）

　　任务 2.1　识读 THJDDT-5 模型电梯 PLC 输入/输出电路图 …………（ 40 ）
　　任务 2.2　识读变频器主电路及控制电路图 ……………………………（ 53 ）
　　任务 2.3　识读安全、门锁及抱闸回路原理图 …………………………（ 58 ）
　　任务 2.4　识读电梯开/关门电气控制线路图 …………………………（ 67 ）
　　任务 2.5　识读 PLC 电梯控制系统梯形图 ……………………………（ 71 ）

单元 3　识读电梯一体化控制系统电气图 (91)

任务 3.1　识读电源控制回路 (94)
任务 3.2　识读电梯驱动回路 (102)
任务 3.3　识读主控制回路 (114)
任务 3.4　识读安全与门锁回路 (129)
任务 3.5　识读抱闸控制回路 (140)
任务 3.6　识读检修回路 (147)
任务 3.7　识读门机回路 (154)
任务 3.8　识读轿顶接线回路 (162)
任务 3.9　识读呼梯与楼层显示电路 (176)
任务 3.10　识读电梯电气安装接线图 (187)

单元 4　识读自动扶梯电路图 (197)

任务 4.1　识读继电接触器式自动扶梯控制电路 (197)
任务 4.2　识读微机控制自动扶梯控制电路 (202)

附录 (211)

附录 1　电气控制线路中常用的图形符号、文字符号 (211)
附录 2　电梯常用名词术语 (217)
附录 3　NICE 3000 电梯控制柜功能 (227)

参考文献 (234)

绪 论

电梯种类很多，有乘客电梯，有载货电梯，有杂物电梯，也有自动扶梯，等等。不同用途的电梯，控制方式有所不同。例如，杂物电梯和载货电梯只需单速拖动，而乘客电梯应关注乘客的舒适度，就要求启动、加速、停车的过渡过程平稳而稳定，没有冲击和失重感。由于控制方式不同和实现各种控制方式的元器件不同，电梯控制电路图也有很多。

电梯的电气控制系统在20世纪80年代前，基本是采用继电器逻辑电路，它具有原理简明、直观、容易掌握的优点，通过学习继电器逻辑电路，有助于掌握电梯控制电路的原理和各控制环节的逻辑关系。继电器通过触点断合进行逻辑判断和运算，从而控制电梯运行。由于触点易受电弧损害、寿命短，因而继电器控制电梯的故障率较高，维修工作量大。对不同的楼层和不同的控制方式，其原理图、接线图等必须重新设计和绘制，而且控制系统由许多继电器和大量的触点组成，接线复杂，设备体积大，动作慢，控制功能少，通用性和灵活性差。因此，继电器控制方式已基本被可靠性高、通用性强的PLC控制系统及微机控制系统所代替。

PLC由于编程简单、方便，易懂易学，可靠性高，抗干扰能力强，易于构成各种控制系统，以及维护检查方便，等等，被广泛应用于工控领域。目前国内已有多种类型PLC控制电梯产品，而且更多在用电梯已采用PLC进行技术改造。PLC控制电梯虽然没有微机控制功能多、灵活性强，但它综合了继电器控制与微机控制的许多优点，使用简便，易于维护。由于PLC采用循环扫描方式，其运算速度慢于微机，在实时控制方面和控制灵活性方面不如微机，所以常常在低速电梯、自动扶梯和人行道上使用。电梯是一个典型的机电一体化设备，多种模型电梯、教学梯都采用PLC控制，识读PLC控制电梯电气原理图，可以培养学生电气控制柜安装和接线、PLC编程、变频器使用、电梯控制系统调试和维修等方面的能力。

当代电梯技术发展的一个重要标志就是微机应用于电梯控制，现在国内外的主要电梯产品均以微机控制为主。微机控制电梯具有使用性能好、可靠性高、控制灵活等优点，微机应用于电梯控制主要体现在以下几个方面：

（1）用于召唤信号处理，完成各种逻辑判断和运算，取代继电器控制和机械结构复杂的选层器，从而提高系统的适应能力，增强系统的通用性。微机对各种指令信号、位置信号、速度信号和安全信号进行管理，并对拖动装置和开门机构发出方向、启动、加速、减速、停车和开关门信号，使电梯按要求运行或处于保护状态，并发出相应的显示信号。

（2）用于控制系统的调速装置，用数字控制取代模拟控制，由存储器提供多条可选择的理想速度指令曲线值，以适应不同的运行状态和控制要求。电梯的运行程序通常是定向（选层）→关门→启动加速→稳速运行→制动减速→平层停梯→开门，整个过程都由微机控制系统实现自动控制。与模拟调速相比，微机控制可实现各种调速方案，有利于提高运行性能与乘坐舒适感。

（3）用于群梯控制管理，实行最优调配，提高运行效率，减少候梯时间，节约能源。

由 PLC 或微机实现继电器的逻辑控制功能，具有较大的灵活性，不同的控制方式可用相同的硬件，只是软件不相同。当电梯的功能、层站数变化时，通常无须增减继电器和改动大量外部线路，一般可通过修改控制程序或参数来实现。

电气原理图是表示电气控制线路工作原理的图形，熟练识读电气原理图，是掌握设备正常工作状态、迅速处理电气故障必不可少的环节。

阅读电气原理图时的注意事项大致可以归纳为以下几点：

（1）必须熟悉图中各器件的符号和作用。

（2）阅读主电路，应该了解主电路有哪些用电设备（如电动机等），以及这些设备的用途和工作特点，并根据工艺过程，了解各用电设备之间的相互联系、采用的保护方式等。在完全了解主电路的这些工作特点后，就可以根据这些特点再去阅读控制电路。

（3）阅读控制电路。控制电路主要用来控制主电路工作。在阅读控制电路时，一般先根据主电路接触器主触点的文字符号，到控制电路中去找与之相应的吸引线圈，进一步弄清楚电机的控制方式。这样可将整个电气原理图划分为若干部分，每一部分完成一项功能。另外，控制电路应该依照电梯运行的先后顺序，自上而下、从左到右排列。因此，读图时也应当自上而下、从左到右，逐个环节进行分析。

（4）阅读照明、信号指示、监测、保护等各辅助电路环节。对于比较复杂的控制电路，可按照先简后繁、先易后难的原则，逐步解决。因为无论多么复杂的控制线路，总是由许多简单的基本环节所组成的。阅读时可将它们分解开来，先逐个分析各个基本环节，然后再综合起来全面加以解决。

概括地说，阅读电气原理图的方法可以归纳为：从机到电、先主后控、化整为零、连成系统。本书各单元各项任务也是如此排序的。

单元 1 识读信号控制电梯电路图

本单元主要介绍信号控制电梯电气原理图识读与常见简单故障维修，包括主电路、安全回路、召唤和楼层显示电路、主控制电路和开关门回路。

任务 1.1 识读信号控制电梯主电路

任务描述

识读信号控制电梯主电路，明确电路所用电气元件名称及其所起的作用，掌握电梯在启动、加速、快车、减速、停车过程中主电路的工作原理，能排除主电路简单故障。

相关知识

一、信号控制电梯功能简述

本系统为有司机操作系统，轿内操纵箱装有对应层站数的指令按钮，各层厅门外装有一只召唤盒，底层只装有一只向上的召唤按钮，顶层也只装有一只向下的召唤按钮，中间层站各装有两只，分别为向上和向下召唤按钮。当厅外有人需要搭乘电梯，就根据目的地要求按下向上或向下召唤按钮，召唤信号就被登记。同时轿内操纵箱上就显示某层有召唤请求，并且蜂鸣器鸣叫。司机按照召唤请求需要，按下相应的层站指令按钮，层站指令被登记并显示。电梯控制系统根据当前轿厢的位置与指令的要求，自动判断出运行方向，并在操纵箱的方向按钮上显示。

司机根据方向显示，按向上或向下的方向按钮，电梯开始关门，待门全部关好，电梯启动运行，通过降压启动、加速后进入稳速快车运行。电梯运行过程中，装在厅门外的楼层显示器不断刷新当前轿厢的位置。当电梯到达目的层时，自动由快车转为慢车，并通过回馈制动使电梯速度逐级下降。电梯到达平层位置时停止运行，制动器抱闸，随即电梯开门，这样就完成了一个电梯运行的过程。

电梯操纵箱、轿顶、机房都装有一只检修开关和向上、向下按钮，当检修开关打到"检修"状态时，电梯切断自动定向、快车启动等回路，使电梯只能运行于慢车状态。检修人员只要按下向上或向下按钮，电梯即慢速上行或下行，完成一个电梯检修状态运行的过程。但检修有优先级别,即轿顶操作权最优先。

二、主电路

电气原理图一般分为主电路、控制电路和辅助电路等部分。主电路包括从电源到电机之间相连的电气元件,用于直接带动设备启动、停止,电压高,电流大。控制电路用来控制主电路工作状态,由继电器、接触器的线圈和辅助触点等组成。辅助电路则包括照明、工作状态显示、信号指示、监测、故障报警等部分。除了主电路以外的电路,流过的电流都比较小。

信号控制电梯电气元件的符号和名称如表1-1所示。

部分常用电气图形符号和文字符号的新旧对照表如表1-2所示。

表1-1 信号控制电梯电气元件符号和名称表

类型	符号	名称	类型	符号	名称
按钮	A1J~A5J	1~5楼指令按钮	继电器	JKX	向下方向继电器
	A1S~A4S	1~4楼上召唤按钮		JKX1	向下方向辅助继电器
	A2X~A5X	2~5楼下召唤按钮		JFS	向上启动继电器
	AKM	开门按钮		JFX	向下启动继电器
	AGM	关门按钮		JMS	门锁继电器
	AYS	轿内向上按钮		JY	电压继电器
	AYX	轿内向下按钮		JM	检修继电器
	DYS	轿顶向上按钮		JYT	运行继电器
	DYX	轿顶向下按钮		JTQ	停站触发继电器
继电器	1YG~5YG	1~5楼楼层感应器		JT	停站继电器
	YPS	上平层感应器		1JSA	一级加速延时继电器
	YPX	下平层感应器		2JSA	一级减速延时继电器
	YMQ	门区感应器		3JSA	二级减速延时继电器
	J1J~J5J	1~5楼指令继电器		4JSA	三级减速延时继电器
	J1S~J4S	1~4楼上召唤继电器		JK	快车延时继电器
	J2X~J5X	2~5楼下召唤继电器		JL	蜂鸣器继电器
	1JZ~5JZ	1~5楼楼层继电器		JPS	上平层继电器
	1JZ1~5JZ1	1~5楼楼层控制继电器		JPX	下平层继电器
	JKM	开门继电器		JXW	相序继电器
	JGM	关门继电器		1RT	快车热继电器
	1JQ	关门启动继电器		2RT	慢车热继电器
	JQ	启动运行继电器		JMQ	门区继电器
	JKS	向上方向继电器		JAP	安全触板继电器
	JKS1	向上方向辅助继电器		S	上行接触器

续表

类型	符号	名称	类型	符号	名称
接触器	X	下行接触器	限位开关	3GM	关门限位
	K	快车接触器		2KM	开门限位
	M	慢车接触器		1GM	关门一级减速限位
	1A	快车一级加速接触器		2GM	关门二级减速限位
	2A	慢车一级减速接触器		1KM	开门一级减速限位
	3A	慢车二级减速接触器		KT	基站限位
	4A	慢车三级减速接触器	开关	ZA	安全开关
	DZZ	抱闸线圈		ZT	急停开关
	DMO	门机定子		KQ	安全窗开关
	DM	门机转子		KXZ	底坑断绳开关
限位开关	1KW	下强迫减速开关		Z1	轿顶检修开关
	2KW	上强迫减速开关		ZM	轿内检修开关
	3KW	下限位	门锁	YK	基站钥匙开关
	4KW	上限位		KMJ	轿门电气联锁
	KMJ1	快车限位		1KMT~5KMT	1~5层厅门电气联锁

表 1-2 部分常用电气图形符号和文字符号的新旧对照表

名称	新标准 图形符号	新标准 文字符号	旧标准 图形符号	旧标准 文字符号	名称	新标准 图形符号	新标准 文字符号	旧标准 图形符号	旧标准 文字符号
一般三极电源开关		QS		K	位置开关 常开触头		SQ		XK
低压断路器		QF		UZ	位置开关 常闭触头		SQ		XK
					位置开关 复合触头		SQ		XK

续表

名称		新标准		旧标准		名称		新标准		旧标准	
		图形符号	文字符号	图形符号	文字符号			图形符号	文字符号	图形符号	文字符号
熔断器			FU		RD		线圈				
按钮	启动		SB		QA	时间继电器	常开延时闭合触头		KT		SJ
	停止				TA		常闭延时打开触头				
	复合				AN		常闭延时闭合触头				
接触器	线圈		KM		C		常开延时打开触头				
	主触头					热继电器	热元件		FR		RJ
	常开辅助触头						常闭触头				
	常闭辅助触头					继电器	中间继电器线圈		KA		ZJ
速度继电器	常开触头		KS		SDJ		欠电压继电器线圈		KV		QYJ
	常闭触头						过电流继电器线圈		KJ		GLJ
							常开触头		相应继电器符号		相应继电器符号

续表

名称		新标准		旧标准		名称	新标准		旧标准	
		图形符号	文字符号	图形符号	文字符号		图形符号	文字符号	图形符号	文字符号
继电器	常闭触头		相应继电器符号	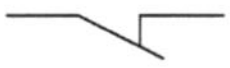	相应继电器符号	接插器		X		CZ
	欠电流继电器线圈	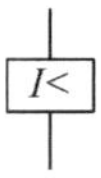 I<	KI	与新标准相同	QLJ	电磁铁		YA		DT
万能转换开关		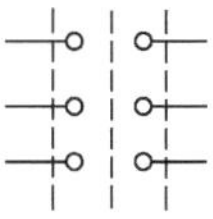	SA	与新标准相同	HK	电磁吸盘		YH		DX
制动电磁铁		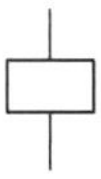	YB	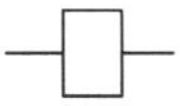	DT	串励直流电动机	M	M		ZD
电磁离合器		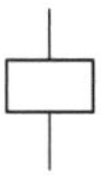	YC	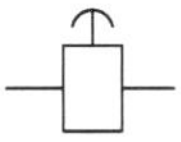	CH	并励直流电动机	M			
电位器		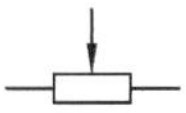	RP	与新标准相同	W	他励直流电动机	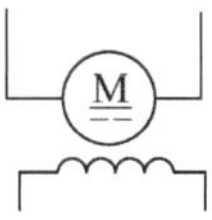 M		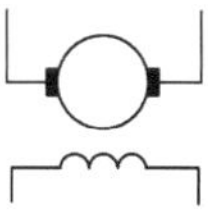	
桥式整流装置		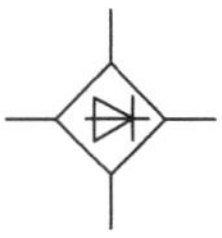	VC	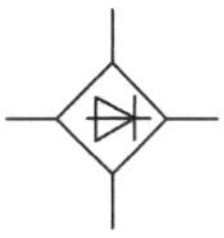	ZL	复励直流发动机	 M		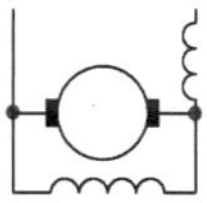	
照明灯			EL		ZD	直流发电机	 G	G	 F	ZF
信号灯			HL		XD	三相鼠笼式异步电动机	 M 3~	M		D
电阻器			R		R					

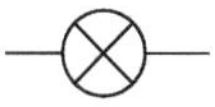

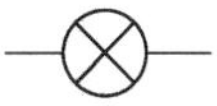

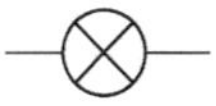

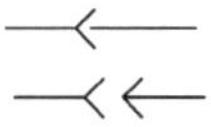

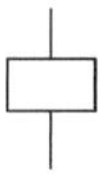

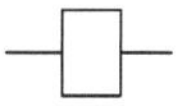

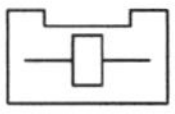

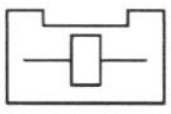

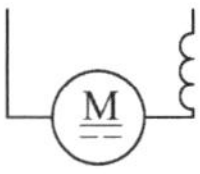

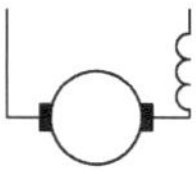

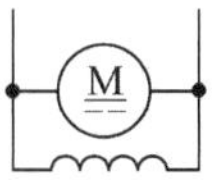

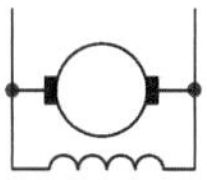

信号电梯主电路原理图如图 1-1 所示。

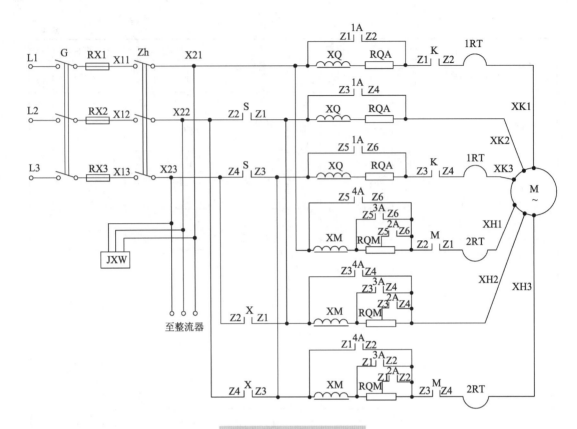

图 1-1　信号电梯主电路

（一）认识图中的电气元件

1. 电源开关（G、RX1~RX3、Zh）

电源开关是一个经过改装的铁壳开关，装在机房。它具有三种功能：第一，开关 G 为电梯主电源开关，给电梯通、断电源；第二，装在铁壳内的熔断器 RX1~RX3 起电梯总回路的短路保护作用；第三，当轿厢超越端站 150~200 mm（极限位置）时，装在轿厢的上、下开关碰板，碰到安装在井道上、下端的极限开关碰轮，经钢丝绳拉动而使 G 断开。

2. 接触器（S、X、K、M、1A~4A）

S——上行接触器主触头；X——下行接触器主触头；K——快车接触器主触头；M——慢车接触器主触头；1A——快车一级加速接触器主触头；2A——慢车一级减速接触器主触头；3A——慢车二级减速接触器主触头；4A——慢车三级减速接触器主触头。

电梯的运行状态：

（1）电梯向上快车，即 S 与 K 吸合，电动机快速正向转动。
（2）电梯向下快车，即 X 与 K 吸合，电动机快速反向转动。
（3）电梯向上慢车，即 S 与 M 吸合，电动机慢速正向转动。
（4）电梯向下慢车，即 X 与 M 吸合，电动机慢速反向转动。

3. 热继电器（1RT、2RT）

1RT 是快车热继电器，2RT 是慢车热继电器，它们装在控制屏上，是电动机的过载保护装置。当电动机的电流超过热继电器的整定电流值达 3 min 时动作,它们接在安全回路(图 1-2)的常闭触头断开,切断控制电路,使电梯停车,以免烧毁电动机。热继电器的常闭触头是保持触头,动作之后必须手动复位,这也给我们提供了寻找故障原因的可靠依据。

4. 曳引电动机(M)

交流双速电梯一般选用 JTD 型双速鼠笼式电动机为曳引电动机。这种电动机的启动转矩大,启动电流小,能满足电梯启、制动频繁和启动转矩大的需要。定子上有两套独立的绕组:一套为高速绕组,6 极,同步转速为 1 000 r/min,实际转速为 920 r/min;一套为低速绕组,24 极,同步转速为 250 r/min,实际转速为 195 r/min。检修时使用低速绕组,正常运行时两个绕组交替使用。

(二)信号电梯主回路工作原理

以电梯上行为例。

(1)电梯开始向上启动运行时,快车接触器 K 吸合,上行接触器 S 吸合。因为刚启动时接触器 1A 还未吸合,所以 380 V 的电源通过电阻 RQA、电抗 XQ,接通电动机高速绕组,使电动机降压启动运行,以降低启动电流。

(2)由一级加速时间继电器 1JSA 控制接触器 1A 吸合,将电阻、电抗短接,使电动机电压上升到 380 V,电动机启动加速完毕,进入稳速运行、快车运行状态。可通过调整电阻、电抗阻值及时间继电器的延时时间来调整启动加速,如启动滞迟,则可适当减小电阻 RQA,必要时也可减小电抗 XQ。如启动过猛,则可适当增加电阻 RQA 和电抗 XQ。时间继电器 1JSA 一般调整在 2~3 s 之间,延长时间继电器的延时时间也可增加电梯的舒适感。

(3)电梯运行到减速点时,上行接触器 S 仍保持吸合,而快车接触器 K 释放,1A 释放,慢车接触器 M 随之吸合,电动机由 6 极过渡到 24 极运行。此时,电动机的转速大于低速绕组的同步转速,电动机进入再生发电制动状态运行。所谓再生发电制动,即此时电机由向电网吸取能量的电动机变为向电网输出能量的发电机,电动机的转矩也由拖动转矩变为制动转矩,而且数值很大。如果低速绕组直接以 380 V 的电压接入,则制动力矩太强,而使电梯速度急速下降,舒适感极差。为此,电动机低速绕组串入限流电阻 RQM 与电抗 XM,经三级减速制动,分级减速。最先让电源串联电阻电抗,减小低速绕组对快速运行电动机的制动力矩。经过一定的时间,一级减速接触器 2A 吸合,短接一部分电阻,使制动力矩增大一些。然后二级减速接触器 3A、三级减速接触器 4A 也分级吸合,使电梯速度逐级过渡到稳速慢车运行状态。三级减速时间继电器分别是 2JSA、3JSA、4JSA,延时时间一般为 1.0 s、0.5 s、0.3 s,若减速过猛可增加电阻或电抗阻值,反之可以减少。在调整电阻、电抗时也可适当调整时间继电器的延时时间,使电梯在空载、满载、上下运行减速时有最佳的舒适感。

(4)电梯进入平层点,S、M、2A、3A、4A 同时释放,电动机失电,制动器抱闸,使电梯停止运行。

(三)常见故障分析与排除

1. 保险丝常烧断

(1)故障分析。

信号电梯是采用继电器接触器控制的电梯,因元器件多,线路复杂,曳引电动机电流较大，保险丝的选择和更换一定要合理。造成保险丝烧毁的原因可能是：

① 保险丝熔体过小，压接不牢。

② 接触器触点接触不良。

③ 电动机启、制动时间过长；启、制动电阻，电抗接触不良。

④ 保险丝选取材料不一致；电动机三相导线有一根较松或没压牢。

⑤ 驱动机械卡阻。

⑥ 电动机轴承磨损、扫膛，绕组绝缘不好引起电流过大等。

（2）处理方法。

① 合理选用三相熔断器熔体并压紧。

② 检查包括阻抗在内的主电源回路，保证没有断开或接触不良及压接不牢处。

③ 检查电动机，电动机应处于良好运行状态；测量电流，三相电流应平衡，且不超过额定值。

④ 检查、测量线路绝缘性，设备与线路不得有接地、短路现象。

⑤ 驱动系统不能有卡阻现象。

⑥ 调整快、慢车热继电器，使其可靠、好用。

2. 电梯启动阻力大，启动和运行速度明显降低

（1）故障分析。

引起启动阻力大的原因有机械和电气两方面的原因。电气方面引起故障的原因如下：

① 三相电源中有一相接触不良或是主接触器触点接触不良，造成缺相运行，从而引起电梯启动和运行速度明显降低。

② 总电源电压过低，引起输入制动器线圈的直流电压偏低，发生非松闸状态工作。

（2）处理方法。

检查主电路主接触器及总电源电压，同时测量制动线圈初始电压等。经调整、修复、更换已坏元器件，排除线路与接触器故障，电梯即恢复正常运行。

1. 电气控制线路的主电路和控制电路各有什么特点？

2. 交流接触器有几对主触点？主触点是常开的还是常闭的？为什么？怎样选择交流接触器？

3. 熔断器在电路中起什么作用？如何选择熔断器？

4. 如何改变三相异步电动机的转向？

5. 交流异步电动机有哪几种调速方式？各有什么特点？

任务实施

识读图 1-1 所示的信号控制电梯主电路，完成以下任务。

1. 明确电路所用电气元件的名称及作用，填入表 1-3 中。

表 1-3 电气元件名称、符号、作用、安装位置及数量

序号	名称	符号	作用	安装位置	数量
1					
2					
3					
4					
5					
6					
7					

2. 小组讨论信号控制电梯主电路的工作原理。

3. 画出下列电气原理图：

（1）信号电梯上行启动时的主电路原理图。

（2）信号电梯下行启动时的主电路原理图。

（3）信号电梯快车稳速上行时的主电路原理图。

（4）信号电梯快车稳速下行时的主电路原理图。

（5）信号电梯上行一级减速、二级减速、三级减速时的主电路原理图。

任务 1.2　识读信号控制电梯安全回路

 任务描述

识读信号控制电梯安全回路，明确电路所用电气元件名称及其所起的作用，掌握信号控制电梯安全回路的工作原理，能排除安全回路简单故障。

相关知识

信号控制电梯安全回路如图 1-2 所示。

一、安全回路

电梯在运行中可能会出现一些不安全因素，为了避免这些不安全因素的出现，一定要设置安全保护电路。

为保证电梯能安全地运行，在电梯上会装有许多安全部件。只有每个安全部件都正常的情况下，电梯才能运行，否则电梯会立即停止运行。所谓安全回路，就是电梯各安全部件都装有一个安全开关，把所有这些安全开关串联起来，控制一只安全继电器。

由图 1-2 可见，该电路将各电器的触点串联在回路中，若任一电器的触点因故障（或在维修时人为）断开，电压继电器 JY 线圈就不会有输出，从而切断控制回路的电源，电梯就不能运行，因此起到保护作用。

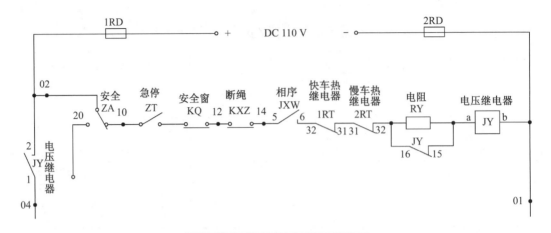

图 1-2 信号控制电梯安全回路

电梯上的各个空间常见的安全回路开关有：

机房：控制屏急停开关、相序继电器、热继电器、限速器开关。

井道：上极限开关、下极限开关（有的电梯把这两个开关放在安全回路中，有的则用这两个开关直接控制动力电源）。

底坑：断绳保护开关、底坑检修箱急停开关、缓冲器开关。

轿内：操纵箱急停开关。

轿顶：安全窗开关、安全钳开关、轿顶检修箱急停开关。

二、工作原理

由整流器输出的 110 V 直流电源，正极通过熔断器 1RD 接到 02 号线，负极通过熔断器 2RD 接到 01 号线。

把电梯中所有安全部件的开关串联起来，控制电压继电器 JY，只要这些安全开关中有任何一个触点断开，就将切断 JY 继电器线圈电源，使 JY 释放，从而起到保护作用。JY 线圈只有满足下列七个条件后才能工作：

(1) 当司机操作安全开关 ZA 使 02 与 10 号线间的触点闭合。

(2) 急停开关 ZT 闭合。ZT 为红色，装在轿顶检修箱内，专供维修人员使用，须手动复位。（电梯各处的急停开关都要闭合，比如底坑急停开关。）

(3) 安全窗开关 KQ 闭合。KQ 装在安全窗侧，通常闭合，当安全窗打开至 50 mm 时 KQ 断开（有的电梯上，KQ 装在轿顶横梁上，安全钳动作时 KQ 断开，须手动复位）。

(4) 断绳开关 KXZ 闭合。KXZ 安装在底坑里、限速器张紧轮侧，是一个行程开关，当限速器钢丝绳伸长、折断、绳头脱落时动作，切断 JY 线圈回路。

(5) 相序继电器 JXW 常开触头闭合。JXW 装在控制柜内，当电源缺相或错相时其常开触头断开，切断 JY 线圈回路。

(6) 快车热继电器 1RT 常闭触头闭合。

(7) 慢车热继电器 2RT 常闭触头闭合。

综上所述，只有在电梯具备了全部安全运行条件时，JY 才吸合，02 号线通过 JY 继电器的常开触点接到 04 号线，给 01 和 04 号直流母线提供控制电源。否则切断 04 号线，使后面所有通过04号线控制的继电器失电。

串联电阻RY起到一个欠压保护作用。大家知道，当继电器线圈得到110 V电压吸合后，如果110 V电源降低到一定范围，继电器线圈仍能维持吸合。这里，当电梯初始得电时，通过JY常闭触点(15-16)使JY继电器有110 V电压吸合，JY一旦吸合，其常闭触点(15-16)立即断开，让电阻RY串入JY线圈回路，使JY在一个维持电压下保持吸合。这样当外部电源电压不稳定时，如果01、02两端电压降低，JY继电器就先于其他继电器断开，起到一个欠压保护作用。

三、常见故障分析与排除

1. 进入轿厢后，按选层按钮电梯不启动

（1）故障分析。

电梯启动必须具备两个基本条件，即门全部关牢、电梯方向选定，要以这两条为纲，找出故障所在部位。

（2）处理方法。

① 检查门联锁回路，看门锁继电器JMS是否吸合，若JMS没有吸合，大多是因为门没关严、钩子锁没钩牢、线路不通、元器件损坏等。造成门关不严的原因，大多是关门力度不够，可重复开门或加以外力等。

② 检查电压继电器回路(图1-2)，看有无指示。若无指示，循迹检查故障点，将其排除。

2. 运行中的电梯突然终止运行

（1）故障分析。

电梯突然终止运行，排除机械故障门刀碰撞门滚轮使JMS回路断开的故障原因外，还有以下几种原因。

① 过载致使主电路热继电器1RT或2RT动作，电压继电器JY失电释放(图1-2)，控制电路无电，造成电梯运行终止。

② 过载等造成控制电路电源保险丝1RD、2RD熔断，使电压继电器JY失电释放，造成电梯无法工作。

③ 如果电梯下行时突然终止运行或时走时停，有可能是轿顶上的安全窗未关好，引起安全窗开关KQ接触不良，使电梯无法工作。

④ 限速器钢丝绳变细、伸长，引起限速器张紧轮下垂，拨动限速器断绳开关KXZ，切断电压继电器JY的电源，致使电梯无法工作。

⑤ 如果存在主导轨的扭曲引起导轨直线度误差、导轨两端拼接误差、安全钳楔块与导轨之间的间隙比较小等情况，使得在电梯下行时，由于轿厢晃动比较大，而引起安全钳误动作，其传动机构拨动安全窗开关KQ，切断电压继电器JY的电源，导致电梯无法工作。

⑥ 层门机械/电气联锁装置误动作，轿门门刀中心与层门门锁的橡皮滚轮中心存在偏差，当轿厢运行进入开门区域时擦碰层门门锁橡皮滚轮，致使门锁继电器JMS释放，使启动继电器JQ不能吸合，而导致电梯无法工作。

（2）处理方法。

从上述故障分析可知，其引起故障的关键是电压继电器JY失电释放，使线路失电所致,需要逐级检查。

① 检查保险丝 1RD、2RD 是否熔断,若熔断则及时更换;检查热继电器是否动作,若动作,应使其复位,并调整电流数值;检查整流器是否有输出电压 DC 110 V,如果无电压,会导致控制回路失电。若是整流器损坏或保险丝熔断,应更换受损的元器件,经重新测量无误后方可调试动车,直至正常运行。

② 如果电梯只有在下行时发生运行中突然停车,则应检查安全窗是否关紧,应使安全窗开关 KQ 有良好的接触;如下行时无规则地停车,应检查安全钳滑块的间隙及拉杆是否松动,检查安全钳开关的位置尺寸并予以调整。同时调整导轨拼接误差。经调整后排除了故障,电梯即能恢复正常运行。

③ 在底坑检查限速器张紧轮下垂情况,并重新调整断绳开关 KXZ 的位置。

3. 电梯运行时稍有震动感

(1) 故障分析。

① 首先分析外来电源电压的波动。

② 其次分析稳压电源的输出电压的波动。

③ 再分析控制柜内的调压电阻 RY 是否有故障。若调压电阻受损,即使电压继电器 JY 吸合,由于 JY 的常闭触点开路,亦使 JY 两端电压不能持久,因此,电压继电器 JY 不断吸合和释放,导致电压继电器 JY 产生剧烈抖动,引起运行中的轿厢震动。

(2) 处理方法。

用目测法观察电压继电器 JY 的工作状态,是否抖动,若抖动,其故障有以下两种可能:

① 电压继电器 JY 本身存在故障,只要更换 JY 继电器,即能恢复正常。

② 用电阻测量法,切断控制柜电源,断开并联在电阻 RY 上的电压继电器 JY 常闭触点(15-16),测量调压电阻 RY 两端的电阻值,若阻值为零或很大(正常阻值为 500 Ω 左右),说明电阻已坏。

更换受损的电阻或电压继电器,排除了故障,电梯即能恢复正常运行。

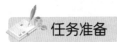

任务准备

1. 电压继电器的作用是什么?中间继电器和接触器有哪些异同点?
2. 整流器的作用是什么?变压器的作用是什么?
3. 相序继电器在电路中起什么作用?
4. 主电路中装有熔断器,为什么还要装热继电器?如何选用热继电器?
5. 什么是欠压保护和失压保护?
6. 多地控制中的停止按钮和启动按钮如何连接?
7. 行程开关与按钮有什么异同?

任务实施

识读图 1-2 所示的信号控制电梯安全回路,完成以下任务。

1. 明确电路所用电气元件的名称及作用,填入表 1-4 中。

表1-4 电气元件名称、符号、作用、安装位置及数量

序号	名称	符号	作用	安装位置	数量
1					
2					
3					
4					
5					
6					
7					

2. 小组讨论信号控制电梯安全回路的工作原理。
3. 安全回路的电压是什么类型的?
4. 电梯运行至少要满足哪些条件?

任务1.3 识读信号控制电梯召唤和楼层显示电路

任务描述

识读信号控制电梯召唤和楼层显示电路,明确电路所用电气元件名称及其所起的作用,掌握信号控制电梯召唤和楼层显示电路的工作原理,能排除召唤和楼层显示电路简单故障。

相关知识

信号控制电梯的召唤和楼层显示电路,由楼层控制回路、轿内指令信号回路、厅外召唤指令信号回路和楼层信号显示回路组成。

任务1.3.1 识读楼层控制回路

信号控制电梯楼层控制回路如图1-3所示。在电梯井道内每层都装有一只永磁感应器,分别为1YG、2YG、3YG、4YG、5YG,而在轿厢侧装有一块长条的隔磁板,假如电梯从1楼向上运行,则隔磁板依次插入感应器。当隔磁板插入感应器时,该感应器内干簧触点闭合,控制相应的楼层继电器1JZ~5JZ吸合。根据楼层继电器1JZ~5JZ的动作,控制继电器1JZ1~5JZ1相应地动作。从图1-3所示的电路中看出继电器1JZ1~5JZ1都有吸合自保持功能,所以1JZ1~5JZ1始终有且只有一只吸合。

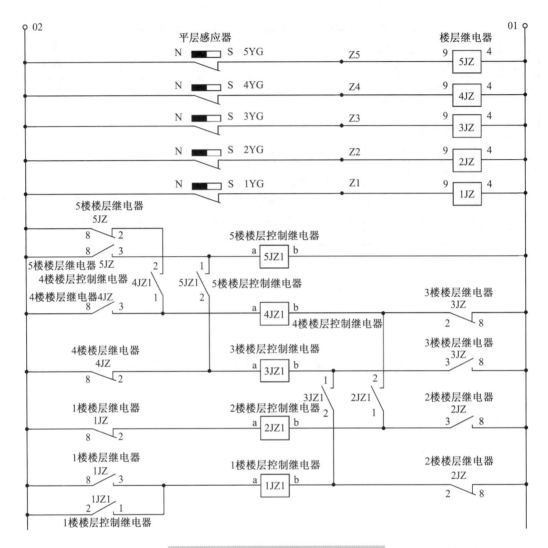

图 1-3 信号控制电梯的楼层控制回路

一、工作原理

以电梯上行为例。

当电梯在 1 楼时，永磁感应器 1YG 触点闭合使 1JZ 线圈得电吸合，其常开触点 1JZ(8-3)闭合，使得 1JZ1 线圈得电吸合，并由 1JZ1(2-1)常开触点闭合实现自锁。

当电梯上到第 2 层时，2YG 触点闭合，使得 2JZ 线圈得电吸合，其常开触点 2JZ(3-8)闭合，使得 2JZ1 线圈得电吸合，并由 2JZ1(1-2)常开触点闭合自保持；同时 2JZ 的常闭触点 2JZ(2-8)断开，使得 1JZ1 释放。

当电梯上到第 3 层时，3YG 触点闭合使 3JZ 线圈得电吸合，其常开触点 3JZ(3-8)闭合，使得 3JZ1 线圈得电吸合，并由 3JZ1(2-1)常开触点闭合自保持，同时 3JZ 的常闭触点 3JZ(2-8)断开，使得 2JZ1 释放。

其余依次类推。此电路具有一定的规律性，电梯下行的工作原理与此类同。

(1~5)JZ 每只继电器用到 5 对触头：其中一对常开(8-3)和一对常闭(2-8)触头用于

本指层线路中控制(1~5)JZ1的工作回路；一对常开触头(12-6)用于轿厢内指令回路的销号线路(图1-4)；另一对常开(1-7)和一对常闭(5-11)触头用于停层控制。

(1~5)JZ1每只继电器用到6对触头：一对常开触头(1-2)用于本指层线路中自保持；一对常开触头(9-10)用来发出轿厢位置信号(图1-6)，每只继电器的这一对触头控制6盏灯，分别装在6个地点，1~5层厅外和轿内作楼层指示，其中(1~5)DM在1~5层每一层站的厅门上前方，(1~5)DJ指层灯装在轿厢门内侧上方；两对常开触头(11-12、13-14)用于厅外召唤回路(图1-5)的销号；两对常闭触头(7-8、15-16)用于自动定向回路。

上述与其他线路有关的触头的工作情况，将分别在讨论到有关线路时叙述。

二、常见故障分析与排除

1. 电梯出现多个楼层显示信号

（1）故障分析：当某层永磁感应器(YG)发生故障时，出现短路，楼层继电器保持吸合。

（2）处理方法：检查机房控制柜，用目测法检查各层楼楼层继电器的吸合情况，如果发现某层楼楼层继电器常吸不放，则说明相应楼层的感应器短路，需更换某层楼感应器。

2. 电梯某层楼的召唤登记信号不销号

故障分析见任务1.3.3。

3. 电梯不能定向

故障分析见任务1.4.1。

任务1.3.2 识读轿内指令信号回路

信号控制电梯轿内指令信号的登记与消除如图1-4所示。

一、工作原理

假如电梯在2楼，司机按下5楼指令按钮A5J，则5楼指令继电器J5J吸合，电梯立即定为上方向，通过JKS1(1-7)、J5J(12-6)，J5J自保持，信号被登记，如图1-4所示。当电梯向上运行到5楼5JZ动作，进入减速时，1A释放，通过5JZ(12-6)、1A(7-8)使J5J继电器线圈两端短路，J5J线圈失电释放，实现销号。电梯停靠在本层时，按本层，指令不被接受。

二、常见故障分析与排除

1. 电梯某层站指令无法登记

（1）故障分析。

如图1-4所示，当某层站按下指令按钮登记信号时，指令登记信号无效，可能是选层按钮接触不良，或某层楼指令继电器(如J3J)已坏，或某层站线绕电阻管(如R3J)已坏，造成指令信号无法登记。

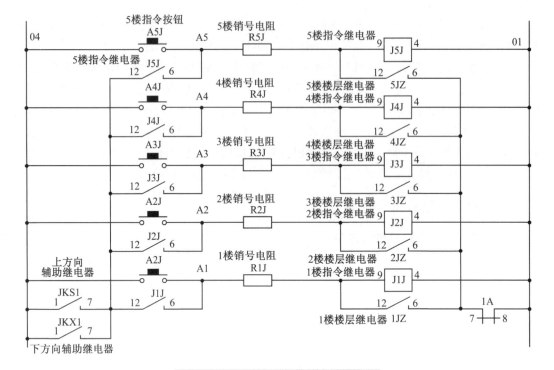

图 1-4 轿内指令信号的登记与消除

（2）处理方法。

① 检查操纵箱选层按钮是否损坏。

② 检查与某层站指令登记信号有关的继电器回路。用电压测量法测量与检查，如图 1-4 所示，逐级测量电压，查出故障点。

2. 电梯不能选择所去的楼层

（1）故障分析。

① 电梯处于检修状态。

② 检修继电器 JM 的有关常闭触点（11-12）接触不良。

③ 选层按钮接触不良。

④ 无法自动定向，从而使 JKS1（1-7）/JKX1（1-7）常开触点不通。

（2）处理方法。

① 到机房检查控制柜上的检修继电器是否吸合，看其常闭触点是否断开。检查所选楼层的继电器是否吸合，有无指示。

② 检查操纵箱选层按钮是否损坏。

③ 到层站看方向箭头是否显示，若不显示，说明不能自动定向，应检查楼层信号有无记忆与显示，将故障检查出并排除。

3. 电梯指令登记信号全部不销号

（1）故障分析。

如图 1-4 所示，倘若 1A 接触器出现故障，其常闭触点（7-8）未接通，造成指令登记信号回路全部不销号。

（2）处理方法。

检查和测量接触器 1A 的接点 7 与 01 号线两端是否有电压，如有电压，则说明 1A 接触器（7-8）常闭触点未接通，只要校正触点，使其可靠接通，故障即可排除。

任务 1.3.3　识读厅外召唤指令信号回路

信号控制电梯厅外召唤指令的登记与消除如图 1-5 所示。

一、工作原理

假设电梯在 1 楼，当 3 楼有人按向下召唤按钮 A3X 时，3 楼向下召唤继电器 J3X 吸合，通过 J3X（6-12）触点自保持，召唤信号被登记。按下 A3X 的同时，控制蜂鸣继电器 JL 吸合，轿内蜂鸣器响，提醒司机有人在召梯。

当电梯向上运行到 3 楼时，3JZ1 吸合，这时如果电梯没有继续上行的要求，则 JKS1 释放，通过 3JZ1（11-12）、JKS1（5-11）和 JQ（5-11）把 J3X 线圈两端短接，实现销号。假如这时电梯仍有上行信号，即 JKS1 吸合，则 J3X 不销号，必须待上行任务完成，返回接应 3 楼下行的乘客时，才能销号。

电梯停止在本层时，如果没有运行方向，该层召唤不被登记；如果有运行方向，则同向召唤不被登记，反向召唤能被登记。

二、常见故障分析与排除

1. 电梯某层楼的召唤登记信号不销号

（1）故障分析。

假设 1 楼召唤登记信号不销号，则断定 1 楼楼层控制继电器 1JZ1 发生故障或受损；或者 1 楼楼层继电器 1JZ 发生故障或受损，使相应的楼层控制继电器 1JZ1 不能工作，造成该层楼召唤登记信号不销号；或者 1 楼楼层永磁感应器 1YG 发生故障或受损；或者隔磁板未插进，造成 1 楼楼层继电器 1JZ 不工作，1 楼召唤登记信号不销号，如图 1-3 所示。

（2）处理方法。

① 用目测法检查控制柜，观察基站的楼层控制继电器 1JZ1 是否吸合，如果不吸合，则断开 1JZ1 线圈接线桩头，测量其线圈阻值，如果电阻值为无穷大，则表示该继电器已坏。

② 检查和调整隔磁板的位置等。

更换受损的元器件、调整位置与线路，排除故障，电梯即能恢复正常运行。

2. 电梯全部召唤登记信号不销号

（1）故障分析。

如图 1-5 所示，在召唤信号回路中，如果 JQ 常闭触点（5-11）断开，造成召唤回路登记信号全部不销号。

（2）处理方法。

用万用表检查 JQ 继电器是否发生故障，即用万用表按线路测量 JQ 接点 5 与 01 号线两点电压，如有电压，则 JQ 常闭触点（5-11）未接通，所以召唤信号销号没有回路，只要更换 JQ 继电器或修复其触点，故障即可排除。

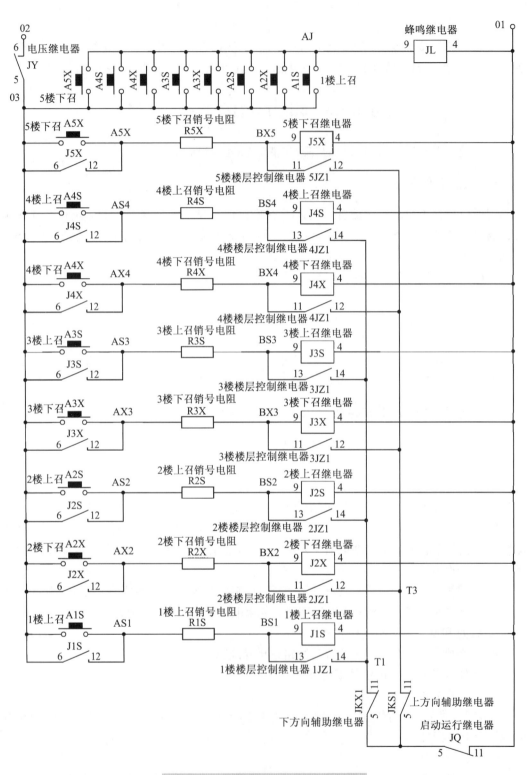

图1-5 厅外召唤指令的登记与消除

任务1.3.4 识读楼层信号显示回路

一、工作原理

楼层信号显示回路包括楼层及方向显示回路(图1-6)和指令及召唤信号显示回路(图1-7)两部分。

1. 楼层及方向显示回路(图1-6)

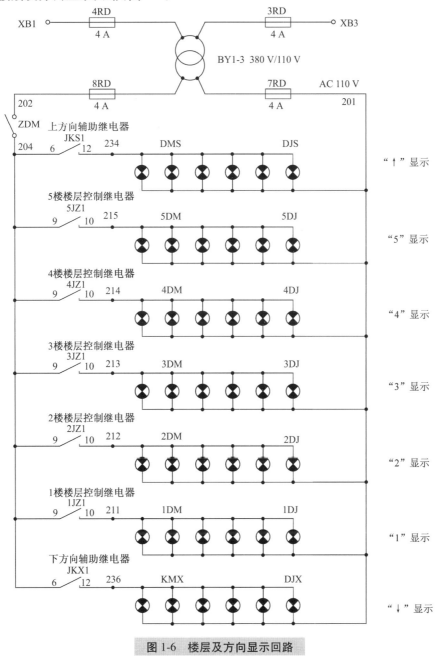

图1-6 楼层及方向显示回路

楼层及方向显示回路的电源电压是变压器 BY1-3 输出的 110 V 交流电，变压器 BY1-3 一次侧输入的是接自端子排 XB1、XB3 的 380 V 交流电，由熔断器 3RD、4RD 实现短路保护；BY1-3 二次侧由熔断器 7RD、8RD 进行短路保护。

楼层及方向显示回路上一共有 6×7 = 42 只灯，分布在轿厢内及 1~5 层厅外，共 6 个地点，每个地点共有"↑"、"↓"和"1"~"5"共 7 种指示灯。

2. 指令及召唤信号显示回路（图 1-7）

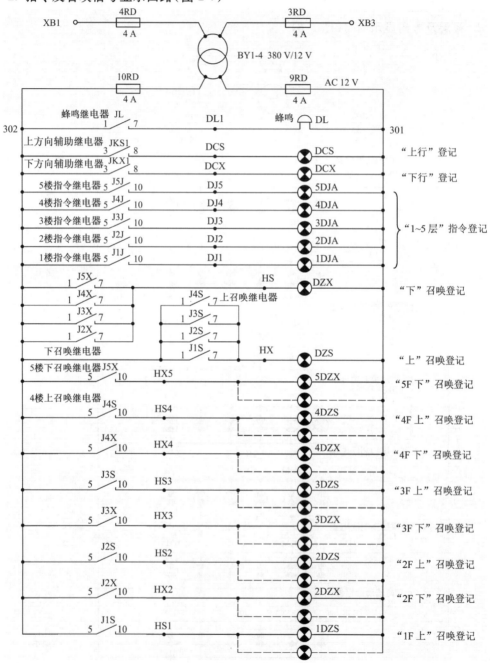

图 1-7　指令及召唤信号显示回路

指令及召唤信号显示(即按钮后的指示灯)回路的电源电压是变压器 BY1-4 输出的 12 V 交流电,变压器 BY1-4 一次侧输入与楼层及方向显示回路相同,即接自端子排 XB1、XB3 的 380 V 交流电,由熔断器 3RD、4RD 实现短路保护;BY1-4 二次侧由熔断器 9RD、10RD 进行短路保护。

指令及召唤信号显示回路上,1DJA~5DJA 分别为 1~5 层内召唤指令登记显示,1DZS~4DZS 分别为 1~4 楼上召唤指令登记显示,2DZX~5DZX 分别为 2~5 楼下召唤指令登记显示,其中虚线内为贯通门时的召唤指令登记显示。DZS 和 DZX 是召唤方向灯,位于轿厢内,让司机知道厅外有人召唤电梯;而 DCS 和 DCX 则是让司机知道现在电梯的定向情况,以便司机按向上或向下的方向按钮,启动电梯。

二、常见故障分析与排除

召唤指示灯、指令指示灯不显示或不亮。

(1)故障分析:产生类似这种故障现象的原因可能是灯的寿命已到或灯的质量本身不好,有关楼层的相应继电器常开触点有故障。

(2)处理方法:根据上述故障现象,发生在某层楼,检查灯的相应继电器常开触点及灯脚是否有松动或接触不良等,以便进行相应处理。

1. 什么是点动控制?
2. 什么是自锁控制?

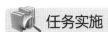

识读图 1-3~图 1-7 所示的信号控制电梯召唤和楼层显示回路,完成以下任务。
1. 明确电路所用电气元件的名称及作用,填入表 1-5 中。

表1-5 电气元件名称、符号、作用、安装位置及数量

序号	名称	符号	作用	安装位置	数量
1					
2					
3					
4					
5					
6					
7					

2. 小组讨论信号控制电梯召唤和楼层显示回路的工作原理。

（1）楼层控制电路。
（2）轿内指令信号的登记与消除。
（3）厅外召唤指令的登记与消除。
（4）楼层和方向显示。
（5）指令及召唤登记显示。

3. 画出下列电气原理图。

（1）3层内选指令登记和销号回路。
（2）4层下召唤指令登记和销号回路。
（3）2层上召唤指令登记和销号回路。

4. 图1-8是层站召唤回路，图中 nJZ（$n=1\sim 4$）为楼层继电器接点，到 n 层时该继电器动作。1JSH～3JSH 和 2JXH～4JXH 分别为层站向上、向下呼梯继电器。1ASH～3ASH 和 2AXH～4AXH 分别为层站向上、向下呼梯按钮。JXY 和 JSY 分别为下方向和上方向继电器接点，JTZ 为快车启动继电器接点。

（1）假定电梯在1楼，2、3楼有下呼信号，电梯会如何运行？写出图中各电气元件线圈和触点的动作过程。

（2）假定电梯在1楼，2、3楼有上呼信号，并且2楼有下呼信号，电梯会如何运行？写出图中各电气元件线圈和触点的动作过程。

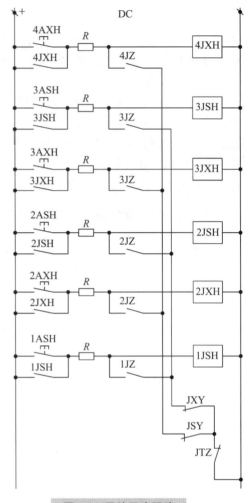

图1-8 层站召唤回路

任务1.4　识读信号控制电梯主控制电路

 任务描述

识读信号控制电梯主控制电路，明确电路所用电气元件名称及其所起的作用，掌握信号控制电梯主控制电路的工作原理，能排除主控制电路简单故障。

相关知识

信号控制电梯的主控制电路，由自动定向回路，启动关门、启动运行回路，门锁、检修、抱闸、运行继电器工作回路，加速与减速延时回路，停站触发与停站回路及电梯的运行、加减速与平层回路等组成。

任务1.4.1 识读自动定向回路

信号控制电梯的自动定向回路如图1-9所示。

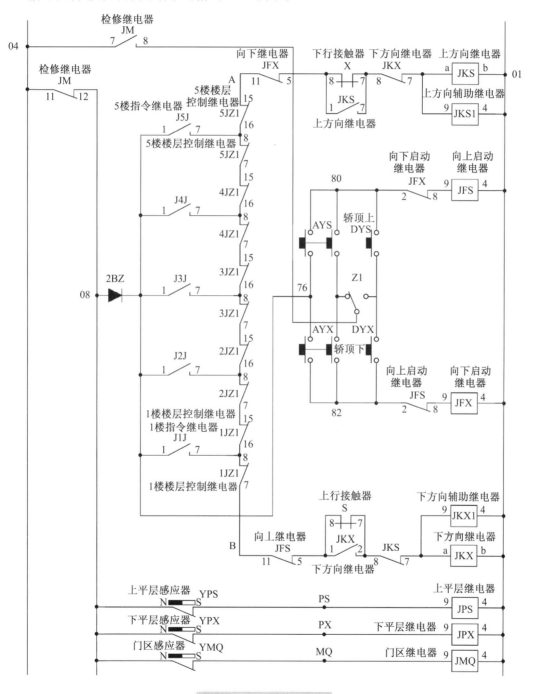

图1-9 自动定向回路

一、工作原理

1. 自动定向

1JZ1~5JZ1 的状态反映了当前轿厢的实际位置,不管轿厢在何位置,相应的 nJZ1 总是把 A 到 B 这条纵线分成两段。这样,如果指令信号的楼层大于轿厢位置楼层,则电源只能通过 AB 纵线的上部分而接通向上方向继电器 JKS、JKS1。反之,如果指令信号的楼层小于轿厢位置楼层,则电源只能通过 AB 纵线的下部分而接通向下方向继电器 JKX、JKX1。这就是自动定向的原理。

图中 J1J~J5J 为指令继电器常开触头,当轿厢内指令按钮登记后相应的 J1J~J5J(1-7) 常开触头即闭合(图 1-4)。1JZ1~5JZ1 为楼层控制继电器的常闭触头,当隔磁板未插入永磁继电器时,这些触头处于闭合状态。AYS 和 AYX 分别为轿内上/下启动按钮,JKS、JKS1 和 JKX、JKX1 分别为向上和向下方向继电器,JFS 和 JFX 分别为向上和向下启动继电器。

假设轿厢位于 3 楼,隔磁板插入 3YG,于是 3JZ、3JZ1 吸合,电路中 3JZ1 常闭触头断开。当司机按 4 层指令按钮 A4J 登记,J4J 吸合,J4J(1-7) 常开触头闭合,方向继电器 JKS、JKS1 通电吸合,向上启动按钮 AYS 内指示灯 DCS 点亮,表明电梯运行方向自动定为向上,司机可根据信号向上启动电梯。若司机登记 2 楼指令信号,电梯方向自动定为向下。

2. 平层、门区继电器

在轿厢侧面装有三只永磁感应器,最上面的为上平层感应器 YPS,中间的为门区感应器 YMQ,下面的为下平层感应器 YPX。

在井道中每层都装有一块隔磁板,在平层位置时,这三只感应器应正好全部插入隔磁板中,分别驱动上平层继电器 JPS、门区继电器 JMQ、下平层继电器 JPX。

二、常见故障分析与排除

1. 电梯不能定向

(1) 故障分析。

① 与方向继电器 JKS/JKX 线圈串接的互锁触点 JKX(8-7)/JKS(8-7) 接触不良(图 1-9)。

② 轿厢不在楼层的楼层指示灯亮或继电器吸合。当某层的永磁感应器(YG)发生故障,出现短路时,比如 3 楼感应器短路,即 3JZ 得电、3JZ1 得电,它的常闭触点断开,电梯所停层与该层间向上或向下方向继电器 JKS 与 JKX 的通路被切断。

③ 楼层控制继电器中(AB 纵线上)有的常闭触点接触不良。

④ 内选信号不能登记与记忆。

(2) 处理方法。

① 到机房检查继电器的吸合状况,检查 JKS 与 JKX 线圈中串联的常闭触点(图 1-9)是否接触不良,找出原因并排除。

② 若轿厢不在楼层的楼层指示灯亮,说明该楼层永磁感应器常闭触点未断开,或楼层继电器保持吸合,找出原因并排除。

③ 检查 AB 纵线上楼层控制继电器 1JZ1~5JZ1 的常闭触点是否接触不良。

④ 看内选信号能否登记与记忆,找出原因并排除。

任务 1.4.2　识读启动关门、启动运行回路

启动关门和启动运行回路如图 1-10 所示。当司机按了楼层指令后，电梯自动定出方向，JKS 或 JKX 动作。这时司机根据方向提示按下向上方向按钮（AYS）或向下方向按钮（AYX）时，则向上启动继电器（JFS）或向下启动继电器（JFX）吸合，驱动关门启动继电器 1JQ 吸合，关门继电器 JGM 吸合，门开始关闭。

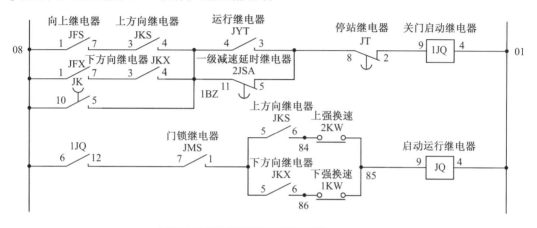

图 1-10　启动关门、启动运行回路

门关闭后，门锁继电器 JMS 吸合，通过原来的定向 JKS 或 JKX，驱动启动继电器 JQ 通电吸合，随后快车接触器 K、方向接触器 S（或 X）相继吸合，其触头分别接通曳引电动机和制动器 DZZ 的电源，于是制动器松开，电动机通过电阻 RQA 与电抗 XQ 进行降压启动运行。

可见，电梯启动首先要满足两个条件：一是进行层站指令信号登记，电梯自动确定方向；二是方向确定后，便可按启动按钮 AYS 或 AYX，启动关门继电器 1JQ，门自动关闭，门锁继电器吸合。这些条件满足后，启动继电器 JQ 吸合，电梯开始快车运行。

在井道的最高层和最低层分别设有一只强迫减速限位 2KW 和 1KW。当电梯到达端站减速位置时，断开强迫减速限位触点，使 JQ 释放，电梯停止快车运行而进入慢车状态。

任务 1.4.3　识读门锁、检修、抱闸、运行继电器工作回路

门锁、检修、抱闸、运行继电器工作回路如图 1-11 所示。
1. 门锁继电器 JMS
在每道厅门和轿门上都设有电气联锁触点，只有当所有门全部关闭后，所有门电气联锁触点闭合，门锁继电器 JMS 吸合，电梯才能运行。
2. 检修继电器 JM
在轿内和轿顶都装有检修开关，当检修开关拨至检修位时，检修继电器 JM 吸合，电梯处于检修状态。

3. 抱闸线圈 DZZ

在下列四种状态下，抱闸线圈得电，制动器打开。

(1) 快车上行，即接触器 S、K 吸合。

(2) 快车下行，即接触器 X、K 吸合。

(3) 慢车上行，即接触器 S、M 吸合。

(4) 慢车下行，即接触器 X、M 吸合。

电梯开始运行时，因为 1A、2A 仍未吸合，它们的常闭触点把 RZ1 短路，所以 DZZ 得到 110 V 的直流电压，电梯启动后经过一段时间，1A 吸合，使电阻 RZ1 串联到 DZZ 线圈中，DZZ 两端电压下降至 70 V 左右，称之为维持电压。电容 C8 的作用是为了使 DZZ 从 110 V 电压降至维持电压时有一个过渡的过程，防止 DZZ 电压的瞬变而引起误动作。电阻 RZ2 构成 DZZ 的放电回路。

为了防止电梯从快车 K 转换到慢车 M 时，DZZ 有一个断电的瞬间，所以放入 JK 延时继电器，从而保证制动器不会发生两次动作。

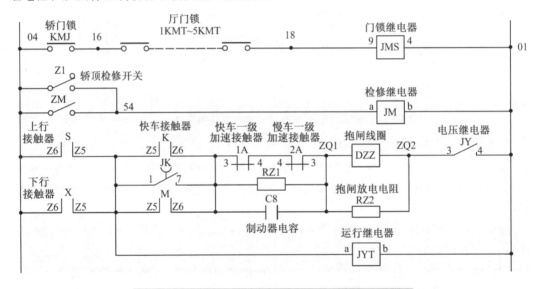

图 1-11　门锁、检修、抱闸、运行继电器工作回路

4. 运行继电器 JYT

当电梯上行接触器 S 或下行接触器 X 吸合时，运行继电器 JYT 吸合，表示电梯在运行之中。

任务 1.4.4　识读加速与减速延时回路

一、工作原理

加速与减速延时回路如图 1-12 所示。

当司机按下方向按钮启动关门时，1JQ 常开触点闭合，电源通过 JYT、1JQ，使 1JSA 线圈得电吸合，同时通过 R1SA 给电容 C1SA 充电。当电梯开始运行时，JYT 常闭触点断开，1JSA 并未立即释放，C1SA 通过 R1SA 对 1JSA 放电，使 1JSA 仍吸合一段时间，所以 1JSA 是断电延时释放继电器。当 1JSA 线圈断电时，其 1JSA(2-8) 常闭触点延时闭合，一级加速接触器 1A 吸合，电梯经过降压启动到一级加速后进入稳速快车状态。

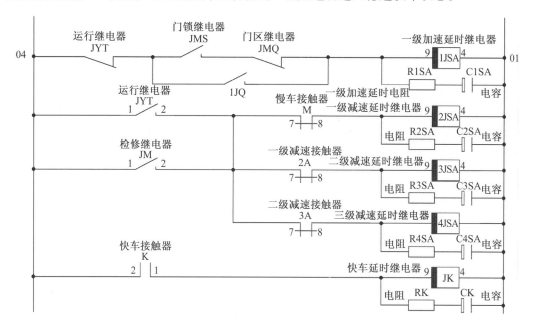

图 1-12 加速与减速延时回路

电梯在快车运行状态时，2JSA、3JSA、4JSA 都处于线圈得电吸合状态，一旦转入慢车状态，慢车接触器 M 线圈得电，M(7-8) 常闭触点断开→2JSA 延时释放→2JSA(2-8) 常闭触点闭合→2A 线圈得电→2A(7-8) 常闭触点断开→3JSA 延时释放→3JSA(2-8) 常闭触点闭合→3A 线圈得电→3A(7-8) 常闭触点断开→4JSA 延时释放→4A 线圈得电，形成一级、二级、三级减速。在快车转慢车时，接触器 K 释放后，常开触点 K(2-1) 断开，JK 也延时释放。

二、常见故障分析与排除

电梯在平层区域减速时，速度降不下来，有冲过层现象。

（1）故障分析。

① 减速接触器 2A、3A、4A 的主触点有的烧蚀或接线松动。

② 减速延时继电器 2JSA、3JSA、4JSA 的常闭触点(2-8)有的接触不良，造成相应的减速接触器不能吸合。

③ 2JSA、3JSA、4JSA 的延迟释放时间过长，造成制动过程延长，到达平层位置时速度还降不下来，而造成过层现象。

（2）处理方法。

目测减速接触器各触点的接触状况，若触点烧坏，应检查其原因，是因接线松动而引起的，还是因减速延时继电器的常闭触点接触不良和延时释放的时间未调整好而引起的。由此，更换已坏的元器件和调整减速延时继电器的延迟释放时间。

任务 1.4.5　识读停站触发与停站回路

停站触发与停站回路如图 1-13 所示。JTQ 为停站触发继电器，当电梯运行中轿厢上隔磁板脱离前一层站的楼层感应器但尚未插入下一站楼层感应器时，均保持通电吸合。插入楼层感应器后才使 JTQ 失电，但其常开触头(1-7)将延时断开，所以在行驶到有停站登记的层楼就会使停站继电器 JT 吸合，并保证有足够的制动减速距离。

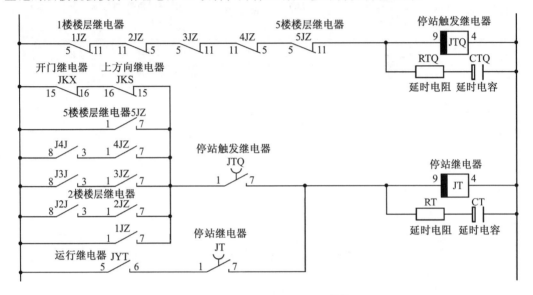

图 1-13　停站触发与停站回路

设电梯自底层向上运行，司机登记了 3 楼停站指令(J3J 吸合)，当电梯开过底层未到 2 楼时，JTQ 吸合一下，但 2 楼没有停站信号不能应答，电梯开过 2 楼，隔磁板刚插入 3 楼楼层感应器 3YG，使 3JZ、3JZ1 吸合，这时 JTQ 虽失电，但其常开触头(1-7)延时断开，于是停站继电器 JT 通过 J3J(8-3)、3JZ(1-7)、JTQ(1-7)触头与电源接通而吸合。图 1-10 中，JT(8-2)常闭触头使 1JQ 线圈失电，1JQ(6-12)常开触点断开，JQ 线圈失电。图 1-14 中，JQ(6-12)常开触点断开，快车接触器 K 线圈失电复位，慢车接触器 M 随即吸合，电动机由 6 极的 1 000 r/min 同步转速切换为 24 极的 250 r/min 同步转速，同时发生再生制动，电梯由快速过渡到慢速，随后平层停站。

停站触发继电器 JTQ 的延时时间最好在 0.1 s 以下，它的作用是为了保证电梯到达某楼层后，不再响应该楼层发出的停车指令。比如，你在电梯开往 4 楼途经 3 楼时，再输入 3 楼指令，电梯将只记忆该 3 楼指令，而不应答停车。如果 JTQ 的延时时间过长，则有可能答应这个停车指令，而此时减速距离已不够，会造成过层的现象。

任务 1.4.6　识读运行、加速、减速与平层回路

一、工作原理

电梯的运行、加速、减速与平层回路如图 1-14 所示。

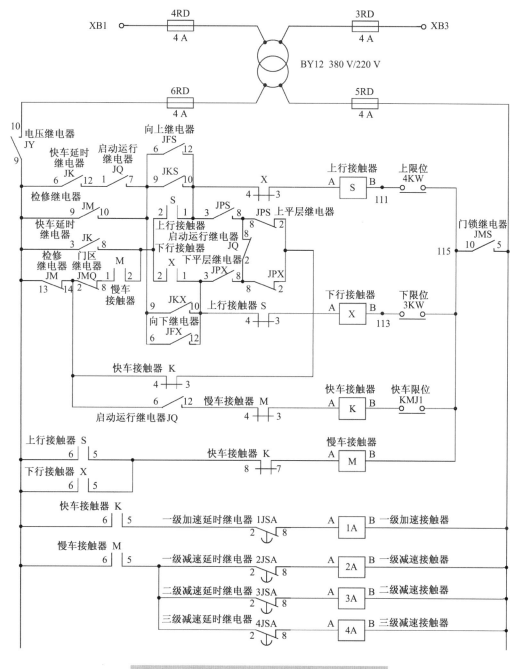

图 1-14　电梯的运行、加速、减速与平层回路

1. 快车上行

JQ 吸合，JQ(6-12)常开触点闭合，使快车接触器 K 吸合。如图 1-14 所示，快车延时继电器 JK 吸合，回路 1：JK(6-12)、JQ(1-7)常开触点闭合，通过已定的方向 JKS(9-10)，使向上运行的接触器 S 吸合，因为此时 1A 仍未吸合，所以电梯快车降压启动。经过延时，1A 吸合，电梯加速，最后进入快车稳速向上运行状态。

2. 减速

运行到目的层时，JQ 释放，K 释放，M 吸合。在 K 释放后，S 通过回路 2：JK(3-8)→S(2-1)→X(4-3)继续保持吸合，电梯以慢车向上运行，并通过 2A、3A、4A 的逐级吸合，进行三级减速制动，最后进入慢车稳速运行状态。

当 JK 释放后，JK(3-8)断开，S 通过回路 3：JM(13-14)→JMQ(2-8)→M(1-2)→S(2-1)继续自动保持。

3. 平层

电梯继续慢速上行，上平层感应器率先插入楼层隔磁板，这时 S 可以通过回路 4：JM(13-14)→K(4-3)→JPX(2-8)→JQ(2-8)→JPS(8-3)吸合。当电梯上升到门区感应器插入时，回路 3 断开，S 只通过回路 4 吸合。当下平层感应器插入时，JPX(2-8)断开，电梯正好平层，回路 4 断开，S 释放，M 释放，电梯停止运行。

二、常见故障分析与排除

1. 电梯在无指令登记层站自行停车

（1）故障分析：某层站没有指令登记信号，但电梯运行到该层站平层区域，即自行停车。这种停车现象，并非是减速、平层、停车、开门的正常工作过程，它仅是在平层区域停车。造成停车的原因：主要是轿门门刀与层门门锁滚轮位置存在偏差，当电梯到达平层区域时，轿厢上的门刀触碰层门门锁滚轮，使锁机械电气联锁开关 KMT 断开，造成门锁继电器 JMS 失电释放，JMS(10-5)断开，如图 1-14 所示，主接触器 S/X 回路被断开，所以电梯自行停车。

（2）处理方法：电梯慢车上/下运行至某一层站，检查轿门门刀是否与层门门锁橡皮滚轮触碰，如有触碰，应调整其位置，使其留有适当的间隙，确保电梯正常运行。

2. 电梯不会换速，只有单一运行速度

（1）故障分析：不会换速大多是换速线路不通导致的，主要原因是快车接触器 K 的主触点烧坏、断不开，使其常闭触点无法闭合，造成慢车接触器 M 不能吸合；慢车接触器机件卡住，无法吸合；直驶线路发生短路故障。

（2）处理方法：检查换速回路，排除线路故障；检查快车接触器，排除互锁触点故障；将慢车接触器故障排除；到底坑检查满载开关是否动作，检查直驶按钮，将短路故障排除。

3. 电梯单方向(上/下)运行，另一方向既没有快车也没有慢车

（1）故障分析：电梯上/下方向运行由接触器 S/X 控制，电梯运行控制电路如图 1-14 所示。

（2）处理方法：在机房检查控制柜，目测接触器 S/X。

① 若接触器 S 或 X 不能正常吸合，则说明 S 或 X 控制回路有问题，比如上、下限位

开关动作、受损或接触不良。

② 若接触器 S 或 X 能正常吸合,电梯只能单方向运行,则说明接触器 S 或 X 主触点接触不良或断线,使上行/下行时电动机工作电源被切断而无法工作。

更换元器件,排除故障后,电梯即能恢复正常运行。

1. 什么是互锁控制?正反转控制电路中为什么必须有互锁控制?
2. 常用的时间继电器有哪些类型和延时方式?

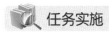

识读图 1-14 所示的信号控制电梯主控制回路,完成以下任务。

1. 明确电路所用电气元件的名称及作用,填入表 1-6 中。

表 1-6 电气元件名称、符号、作用、安装位置及数量

序号	名称	符号	作用	安装位置	数量
1					
2					
3					
4					
5					
6					
7					

2. 小组讨论信号控制电梯主控制回路的工作原理,说出电梯从启动到停车的全过程的先后顺序,各步骤运行需满足的条件及转为下一步骤的转换条件各是什么。
3. 小组讨论信号控制电梯抱闸回路的工作原理。
4. 画出下列电气原理图。
(1) 电梯现在在 3 楼,1 楼有呼叫,画出此时的电梯自动定向电路。
(2) 电梯现在在 1 楼,4 楼有呼叫,画出此时的电梯自动定向电路。
(3) 电梯启动向上加速运行时的主控制电路。
(4) 电梯稳速上行时的主控制电路。
(5) 电梯减速下行时的主控制电路。
(6) 电梯减速下行、平层时的主控制电路。

任务1.5 识读信号控制电梯开/关门回路

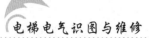 **任务描述**

识读信号控制电梯开/关门回路,明确电路所用电气元件名称及其所起的作用,掌握信号控制电梯开/关门回路的工作原理,能排除开/关门回路简单故障。

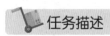 **相关知识**

信号控制电梯开/关门回路如图1-15所示。

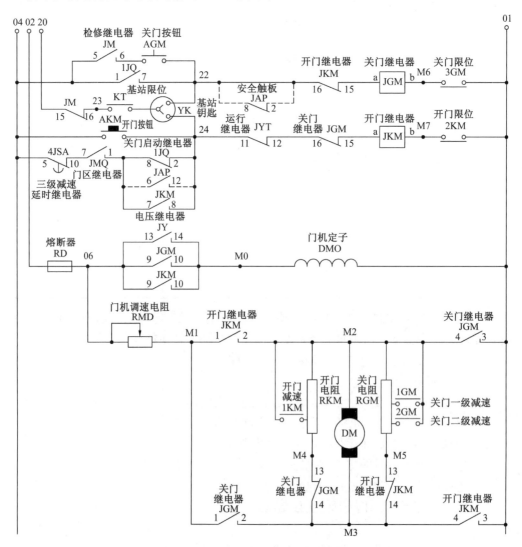

图1-15 信号控制电梯开/关门回路

一、工作原理

（1）正常状态时的关门。

当司机输入轿内指令，电梯自动定出方向，司机再按下方向按钮时，关门启动继电器 1JQ 吸合，控制关门继电器 JGM 吸合，控制门机马达向关门方向运转。门完全关闭，切断关门到位限位 3GM，切断 JGM 回路，门停止运行。

（2）检修状态时的关门。

电梯处于检修状态时，检修继电器 JM 吸合，JM（5-6）常开触点闭合，通过按下操纵箱上的关门按钮 AGM，即可使 JGM 吸合。

（3）正常状态时的开门。

电梯到站停靠时，装在轿厢上的门区感应器插入该楼层的隔磁板，使门区继电器 JMQ 吸合。等电梯完全停止，通过 4JSA（5-10）→JMQ（7-1）→1JQ（8-2）→JYT（11-12）→JGM（16-15），使开门继电器 JKM 吸合。门机马达向开门方向旋转，电梯门打开。当门完全开启时，切断开门到位限位 2KM，JKM 释放，开门结束。

（4）按开门按钮开门。

无论是正常状态时还是检修状态时，只有在电梯停止运行时 JYT 线圈断电，JYT（11-12）常闭触点闭合，按下 AKM 可使 JKM 吸合，电梯开门。

（5）电梯开/关门中的减速过程。

开门：当 JKM 吸合时，电流一方面通过 DM，另一方面通过开门电阻 RKM，从 M2 到 M3，使门机向开门方向旋转，因为此时 RKM 电阻值较大，通过 RKM 的分流较小，所以开门速度较快。当电梯门关闭到 3/4 行程时，使开门减速限位 1KM 接通，短接了 RKM 的大部分电阻，使通过 RKM 的分流增大，从而使电机转速降低，实现了开门减速的功能。

关门：当 JGM 吸合时，电流一方面通过 DM，另一方面通过关门电阻 RGM，从 M3 到 M2，使门机向关门方向旋转。因为此时 RGM 电阻值较大，通过 RGM 的分流较小，所以关门速度较快。当电梯关闭到一半行程时，使关门一级减速限位 1GM 接通，短接了 RGM 的一部分电阻，使通过 RGM 的分流增大一些，门机实现一级减速。电梯门继续关闭到 3/4 行程时，接通二级减速限位 2GM，短接 RGM 的大部分电阻，使通过 RGM 的分流进一步增大，而电梯门机转速进一步降低，实现了关门的二级减速。

通过调节开/关门回路中的总分压电阻 RMD，可以控制开关门的总速度。

因为当 JY 吸合时，门机励磁绕组 DMO 一直有电，所以当 JKM 或 JGM 释放时，能使电机立即进入能耗制动，门机立即停转。而且在电梯门关闭时，能提供一个制动力，保证在轿厢内不能轻易扒开电梯门。

（6）基站锁梯时的开/关门。

当下班锁梯时，电梯开到基站，基站限位 KT 闭合。一方面，司机需要关闭轿内安全开关 ZA，ZA 常闭触点切断安全回路（图 1-2）；另一方面，ZA 常开触点使 02 号线接至 20 号线，这样，司机通过操作基站厅门外的钥匙 YK 来控制 JKM 或 JGM 的动作从而使电梯开/关门。

二、常见故障分析与排除

1. 层门、轿门不能关闭

（1）故障分析。

电梯运行到层站，出现门开启后不能关闭层门、轿门的现象，引起该故障的原因有很多，除机械问题之外，在供电电压正常的状态下，按电梯运行工艺过程，应着重分析以下几方面的原因：

① 开门限位开关 2KM 常闭触头短路或限位撞弓不到位，2KM 常闭触头不断开，使开门继电器 JKM 在开门过程结束后仍处于吸合状态。又因为开/关门系统机械和电气的互锁作用，关门继电器的线圈无法接通，致使无法关门，如图 1-15 所示。

② 关门限位开关 3GM 开路。3GM 开路使关门继电器 JGM 失去得电吸合条件，致使无法关闭层门、轿门，如图 1-15 所示。

③ 继电器 1JQ 线圈损坏或 1JQ（1-7）触头严重烧坏，即 1JQ 不能吸合，或 1JQ（1-7）触头不能正常接通，图 1-15 中，04～22 号线之间开路。

④ 控制电源的二极管 2BZ 发生故障，二极管 2BZ 开路，图 1-9 所示的自动定向回路中，方向环节（08-01）两点被切断，使向上和向下启动继电器 JFS 和 JFX、向上和向下方向继电器 JKS 和 JKX 无法工作。因此，由 JFS（1-7）、JKS（3-4）触头控制的关门启动继电器 1JQ 无法工作，从而无法关门，如图 1-10 所示。

（2）处理方法。

① 检查控制柜内开门继电器 JKM 失电后是否释放，如果未释放，则说明当开门继电器 JKM 得电后，门机电动机继续旋转开门，这是开门限位开关 2KM（微动开关）常闭触头短路或限位开关摆杆松动或撞弓位置不正确引起的，在轿顶上用检修速度对故障部位进行检查。

② 切断控制电源，用电阻测量法检查 JGM 关门继电器能否吸合，即用万用表电阻挡测量线路中 01、M6 两点的电阻值，正常状态电阻值趋近于零，倘若电阻值无穷大，说明 3GM 微动开关开路或该开关的连线存在故障，致使 JGM 关门继电器失电，未能吸合。更换 3GM 微动开关及整理线路，即能恢复正常工作。

③ 检查继电器 1JQ 是否损坏或不吸合，如果 1JQ 不吸合，检查 1JQ 线圈回路，如图 1-10 所示。如果 1JQ 继电器吸合，但测量 01、22 两点无电压，则说明 1JQ 继电器常开触点（1-7）接触不良，因此，只要修整、更换触点或更换 1JQ 继电器，即能恢复正常。

④ 检查和测量二极管 2BZ 负极与 01 之间的电压，若无电压，则 2BZ 开路，更换二极管 2BZ，即能恢复正常关门功能。

2. 层门、轿门不能打开

（1）故障分析。

电梯到达楼层平面，层门、轿门不能打开。其故障原因有以下几方面：

① 门区平层感应器 YMQ 发生故障，使门区继电器 JMQ 线圈失电释放（图 1-9），JMQ（7-1）常开触点断开，JKM 继电器线圈无法得电工作，致使电梯不能开门，如图 1-15 所示。

② 开门限位开关存在故障。开门限位开关 2KM 开路，开门继电器 JKM 线圈没能通

电，无法工作，致使电梯不能开门。

③ 线路中继电器常闭触头存在故障。开门回路中的继电器触头有：4JSA（5-10）、JMQ（7-1）、1JQ（8-2）、JYT（11-12）和 JGM（16-15），以上任一触头烧坏或触头接触电阻增大，都会影响开门电动机正常工作。

④ 门区继电器 JMQ 或开门继电器 JKM 元器件发生故障，继电器未吸合，致使电梯层门、轿门无法打开。

（2）处理方法。

检查控制柜，并观察电梯运行至平层区域之后 JMQ 的工作状态。电梯完全平层后，JKM 的工作状态应为吸合。倘若这两只继电器均未吸合或其中一只未吸合，电梯门是无法开启的。应检查 JMQ、JKM 继电器的线圈是否损坏，如果损坏，应更换。进入开门区域之后，JMQ 继电器应吸合，若未吸合，应检查门区感应器 YMQ。若门区感应器元器件损坏，应予以更换，并整理接线，排除故障后电梯即能恢复正常工作。

3. 层门、轿门既不能开又不能关

（1）故障分析。

电梯运行至平层，层门、轿门不能打开或电梯某一层站不能关门。其故障原因可按电梯运行工艺过程分析：

① 可能是门机控制电路电源存在故障，应检查门机电源回路熔断器是否熔断，若熔断，即门机控制电源被切断，使电梯的门机无法工作。

② 门机控制电路限流电阻受损，即门机电路串联电阻 RMD 受损，使门机工作电压被切断，无法工作。

③ 层门上门锁机械/电气互锁联动装置松动或原先调整的尺寸有变化，或控制柜上的开/关门继电器互锁装置松动，由于开门、关门继电器 JKM、JGM 的机械互锁装置调节不当，而造成 JGM、JKM 继电器吸合动作不正常，致使门机无法工作。

④ 基站层外开/关门门锁 YK 或井道基站位置开关 KT 受损，而造成开关门继电器 JKM、JGM 线圈不能得电，无法正常工作，致使电梯门机不工作，如图 1-15 所示。

（2）处理方法。

① 用目测法检查或测量电压，检查熔断器 RD 熔丝是否熔断，若熔断，须更换同样规格的熔丝（见如图 1-15 所示的门控制电路）。用万用表测量 01-02、01-06 各级电压，若 01-02 电压正常，而 01-06 无电压，则说明熔丝已断，应予以更换。倘若已更换熔丝，电梯门机仍无法工作，则对门机线路进行检查。

② 测量 01-06 或 01-M1 端电压，若 01-06 端电压正常，01-M1 端电压等于零，则门机控制电路串接电阻 RMD 已损坏，应更换电阻或整理线路。

③ 调整门锁机械/电气联锁装置的尺寸及其灵活性和可靠性。

④ 电梯在基站，当钥匙插入钥匙开关 YK 时，拨向开门时或关门时，电梯门机不工作，应检查测量控制柜上的 01-22、01-24 端电压，即钥匙开关拨向开门位置时，01-24 端电压正常，当拨向关门位置时，01-22 端电压正常，倘若测量的端电压均正常，说明此处无故障。此时应检查基站的限位开关 KT 是否受损、位置不当或接触不良，倘若在测量端电压时，电压等于零或电压偏低，应更换受损的元器件（图 1-15）。

4. 电梯平层后开门速度太慢或时走时停

(1) 故障分析。

① 串接电阻值太大或接触不良。

② 并联电阻的减速触点粘住，断不开。

③ 低速行程开关位置移动，或触点粘住。

④ 开门机皮带打滑，有时能驱动门扇运动，有时拖不动。

(2) 处理方法。

① 调节串联电阻值，使开/关门力量足够大。

② 调节并联电阻值，使开/关门速度合适。

③ 检查排除低速行程开关位置移动，修复粘连的触点。

④ 调整开/关门皮带张力，使松紧适度。

5. 开/关门机速度不会变化或速度较慢并伴有较大的噪声

(1) 故障分析。

层门、轿门在开启和关闭时的速度应该是快慢变化有序，若门电动机输出的转速在开/关门过程中没有变速，造成没有分级故障的原因可能有以下几种情况：

① 开/关门减速开关 1KM、1GM 或 2GM 接触不良。

② 分流电阻（RKM、RGM）的滑动片与电阻接触不良或分流电路(电阻)断线。

③ 电阻 RMD 的滑动片与电阻接触不良，造成开/关门速度都很慢。

④ 如果开/关门的速度很快将会产生撞击和噪声，如果速度太慢也会产生电动机噪声。

(2) 处理方法。

① 检查开/关门机线路，其分流电路与电阻是否断路，若测量电阻两端的阻值为无穷大，则更换电阻和整理线路。

② 分别检查分流减速开关 1KM、1GM 或 2GM 的接触情况，并且检测触点是否已坏，若已坏，则更换触点或分流开关。

③ 检查分流电阻的滑动片与电阻的接触情况及滑动片的接触点是否损坏，若已坏，则更换分流电阻。

④ 调整分流电阻与电枢的连接线路。

6. 门已打开，但门电动机仍不停转动，重新按关门按钮也关不了门

(1) 故障分析。

主要是开门到位微动开关失灵。造成此现象的原因有以下几种情况：

① 开关门撞弓移位，压不住开门到位微动开关。

② 微动开关底脚松动移位，或微动开关常闭触点压片断裂失灵。

若开/关门均出现这种故障，多是撞弓移位、变形。若只是单方面出现问题，多是微动开关问题。

(2) 处理方法。

针对具体情况调整或更换微动开关，修理移位变形的撞弓。

单元 1　识读信号控制电梯电路图

1. 直流电动机的结构组成是什么？
2. 如何改变直流电动机的转动方向？
3. 直流电动机的调速方法是什么？

任务实施

识读图 1-15 所示的信号控制电梯开/关门电路，完成以下任务。

1. 明确电路所用电气元件的名称及作用，填入表 1-7 中。

表 1-7　电气元件名称、符号、作用、安装位置及数量

序号	名称	符号	作用	安装位置	数量
1					
2					
3					
4					
5					
6					
7					

2. 小组讨论信号控制电梯开/关门电路的工作原理，说出开门继电器吸合的条件是什么，关门继电器吸合的条件是什么。
3. 分别画出开门和关门时的主电路原理图。
4. 电梯直流伺服电动机开/关门电路如图 1-16 所示，试叙述其开/关门的工作原理。KA82 和 KA83 分别为开门和关门继电器接点，MD0 为直流伺服电动机的励磁线圈。

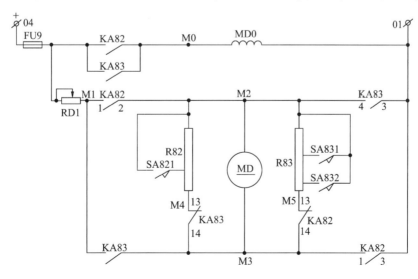

图 1-16　电梯直流伺服电动机开/关门电路

39

单元 2

识读 PLC 控制电梯电路图

任务 2.1　识读 THJDDT-5 模型电梯 PLC 输入/输出电路图

任务描述

识读 PLC 控制电梯电气原理图，明确 PLC 输入/输出电路所用电气元件名称及其所起的作用，掌握 PLC 输入/输出电路的工作原理，能排除 PLC 输入/输出电路简单故障。

相关知识

一、THJDDT-5 模型电梯各部件相应位置示意图（图 2-1）

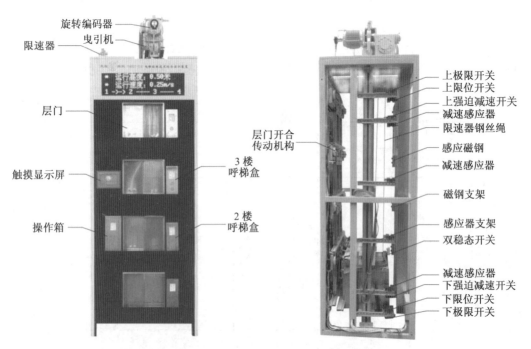

图 2-1　THJDDT-5 模型电梯各部件相应位置示意图

二、认识电路上的电气元件

THJDDT-5 模型电梯控制系统主要由曳引机运行控制部分、门机控制部分、井道信息控制部分、内外呼梯盒部分和安全回路部分等组成，电气元件明细及其安装位置如表 2-1 所示。该系统采用三菱 FX3U 型可编程控制器（PLC）来接收内选和外呼及井道信息等控制信号，把电梯运行的逻辑控制程序写入 PLC，通过 PLC 的输出向变频器发出启停、加/减速等命令，驱动曳引机带动轿厢平稳上、下行。当控制要求发生改变时，不需要改变 PLC 的外部接线，只需修改 PLC 的程序。PLC 是电气控制系统的核心，围绕这个核心了解其输入/输出设备的接线，是认识整个电梯控制系统的关键。

表 2-1 电梯电气元件明细及安装位置

序号	代号	名称	材料规格型号	安装位置	数量	备注
1	KMJ/GMJ	开/关门继电器	ARM4F-L/DC 24 V	控制柜	2	
2	DYJ	电压继电器	ARM4F-L/DC 24 V	控制柜	1	
3	MSJ	门联锁继电器	ARM4F-L/DC 24 V	控制柜	1	
4	QC1	转换继电器	ARM2F-L/DC 24 V	控制柜	1	
5	FU1~FU5	熔断器	RT14-20 5 A/3 A	控制柜	5	
6	QC	主接触器	LC1-D06 AC 220 V	控制柜	1	
7	YC	电源接触器	LC1-D06 AC 220 V	控制柜	1	
8	1AS~4AS	轿厢选层指令按钮	DS-3 蓝光	轿内	4	4层
9	1R~4R	选层指令灯	DC 24 V	轿内	4	
10	AK/AG	开/关门按钮	DS-3 蓝光	轿内	2	
11	TU/TD	慢上/慢下按钮	E11	控制柜	2	
12	QF1/QF2	漏电保护断路器	4P 10A/2P 6A	控制柜	2	
13	CHD	超载蜂鸣器	DC 24 V	轿内	1	
14	KSD/KXD	上、下行指令灯	DC 24 V	轿内	2	
15	MK	检修开关	D11A	控制柜	1	
16	SMJ	检修开关	钮子开关 KN32	轿顶	1	
17	KAB	安全触板开关		轿厢	1	
18	EDP	门感应器	DC 24 V	轿厢		
19	SAC	安全钳开关	JW2A-11H/L7H	轿厢	1	
20	SDS	底坑断绳开关	JW2A-11H/L7H	井道	1	
21	K1~K48	故障点	钮子开关 KN32	控制柜	48	
22	DZI	轿厢照明灯		轿顶	1	
23	FS	轿厢风扇		轿厢	1	

续表

序号	代号	名称	材料规格型号	安装位置	数量	备注
24	CZK	超载开关		轿底	1	
25	M1	门电机	ZGB60FM31i/DC 24 V/130 r/min	自动门机	1	
26	PKM	开门到位开关	VM3-03N-40-U56	自动门机	1	
27	PGM	关门到位开关	VM3-03N-40-U56	自动门机	1	
28	SG	关门减速开关	VM3-03N-40-U56	自动门机	1	
29	ST1~ST4	厅门联锁触点	VM3-03N-40-U56	井道	4	
30	GMR	开/关门调速电阻	50 W/50 Ω	控制柜	1	
31	M	交流双速电动机	YJ90	机房	1	
32	BMQ	编码器	ZKT8030-002J-1024BZ2/DC 12~24 V	机房	1	
33	DZ	抱闸线圈	DC 110 V	机房	1	
34	SW/XW	上、下限位开关	YG-1	井道	2	
35	GU/GD	上、下强迫减速开关	YG-1	井道	2	
36	SJK/XJK	上、下极限开关	YG-1	井道	2	
37	IPG	减速永磁感应器	YG-1	井道	4	
38	PU	门区双稳态开关	KCB-1	轿厢	1	
39	1G~3G	上召记忆灯	DC 24 V	层站	3	
40	1SA~3SA	上召按钮	DS-3 蓝光	层站	3	
41	2C~4C	下召记忆灯	DC 24 V	层站	3	
42	2XA~4XA	下召按钮	DS-3 蓝光	层站	3	
43	PSK	基站钥匙开关	DS-3	层站	1	
44	SJU	急停开关	C11	控制柜	1	
45	HK	开关/数字转换开关	D11A	控制柜	1	
46	D1	110 V 硅整流桥	KBPC610	控制柜	1	
47	XJ	相序保护继电器	XJ3-S,380 V	控制柜	1	
48	RJ	热继电器	LR2-D1305N(2.5~4 A)	控制柜	1	
49	BPQ	变频器	三菱 FR-D740-0.75 kW	控制柜	1	
50	WDT	变压器	AC 220 V/AC 110 V	控制柜	1	
51	S-100-24	开关电源	DC 24 V 4.5 A	控制柜	1	
52	PLC	可编程控制器	三菱 FX3U-64MR/ES-A	控制柜	1	
53	JT	接线端子板	TB-1510L	控制柜	2	

1. PLC

三菱 FX3U-64MR PLC 外形如图 2-2 所示。

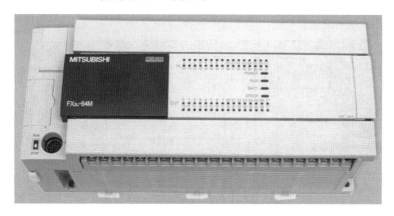

图 2-2 三菱 FX3U-64MR PLC

PLC 输入/输出电路如图 2-3 所示，三菱 FX3U-64MR 具有 32 个输入点和 32 个输出点，各输入、输出点的具体分配如下：

（1）输入点的编号分配如下：

X00：编码器 A 相

X01：编码器 B 相

X02：减速感应器 IPG

X03：上强迫减速开关 GU

X04：下强迫减速开关 GD

X05：安全电压继电器 DYJ

X06：门联锁继电器 MSJ

X07：检修开关 MK

X10：上限位开关 SW

X11：下限位开关 XW

X12：变频器运行状态输出 RUN

X13：开门继电器 KMJ

X14：开门按钮 AK、安全触板开关 KAB

X15：关门按钮 AG

X16：超载开关 CZK

X20：1 层内选指令按钮 1AS（含慢下按钮 TD）

X21：2 层内选指令按钮 2AS

X22：3 层内选指令按钮 3AS

X23：4 层内选指令按钮 4AS（含慢上按钮 TU）

X24：1 层上召按钮 1SA

X25：2 层上召按钮 2SA

X26：3 层上召按钮 3SA

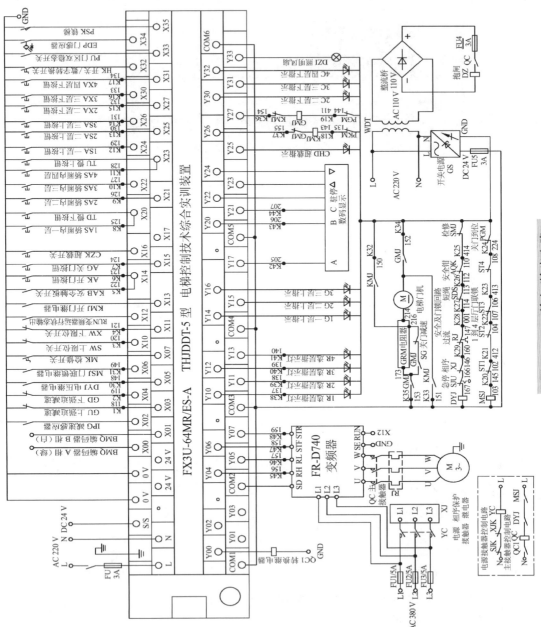

图 2-3 PLC 输入/输出电路

X27：2层下召按钮 2XA

X30：3层下召按钮 3XA

X31：4层下召按钮 4XA

X32：开关/数字转换开关 HK

X33：门区双稳态开关 PU

X34：门感应器 EDP

X35：锁梯 PSK

（2）输出点的编号分配如下：

Y00：转换继电器 QC1 线圈

Y04：变频器 RH 端

Y05：变频器 RL 端

Y06：变频器正转端(上行)STF

Y07：变频器反转端(下行)STR

Y10：1层内选指示灯（1R）

Y11：2层内选指示灯（2R）

Y12：3层内选指示灯（3R）

Y13：4层内选指示灯（4R）

Y14：1层上召指示灯（1G）

Y15：2层上召指示灯（2G）

Y16：3层上召指示灯（3G）

Y17：楼层数码显示 A

Y20：楼层数码显示 B

Y21：楼层数码显示 C

Y22：驻停

Y23：上行数码显示（KDS）

Y24：下行数码显示（KDX）

Y25：超载指示（CHD）

Y26：开门继电器（KMJ）

Y27：关门继电器（GMJ）

Y30：2层下召指示（2C）

Y31：3层下召指示（3C）

Y32：4层下召指示（4C）

Y33：照明、风扇 DZI

2. BMQ 编码器（X00、X01）

编码器作为电梯的速度反馈元件，一般安装在曳引电动机的轴上或限速器的轴上，可将传动轴上的机械量、旋转位移等转换成相应的电脉冲或数字量。光电旋转编码器是集光、电、机精密技术为一体的结晶，由发光管、接收管、光电码盘、放大电路、整形电路和输出电路等组成。增量式光电码盘结构示意图如图 2-4 所示。

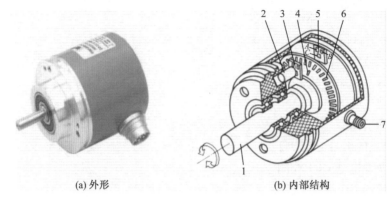

(a) 外形　　　　　　　　　　(b) 内部结构

1—转轴；2—发光二极管；3—光栅板；4—零标志位光槽；
5—光敏元件；6—码盘；7—电源及信号线连接座。

图 2-4　增量式光电码盘结构示意图

模型梯所用编码器如图 2-5 所示。编码器由 A、B 两相脉冲输出，A、B 相是互差 90°的脉冲，将它们接入微机的转速检测回路及计数器，可识别电梯的速度、运行方向、现行位置距离及减速距离。

图 2-5　模型梯编码器

3. IPG 减速感应器（X02）

THJDDT-5 电梯设备平层传感器采用了干簧管感应器、双稳态开关作为换速平层传感器。干簧管感应器用作换速，当干簧管感应器有信号输出时，曳引机切换到低速运行，实现到达预定层站时提前一定距离减速。

干簧管感应器（永磁感应器）外形如图 2-6(a) 所示，它由 U 形永久磁铁、干簧管、盒体等组成，如图 2-6(b) 所示。其原理是：由 U 形永久磁铁产生磁场对干簧管感应器产生作用，使干簧管内的触点动作。其动合触点闭合、动断触点断开 [干簧管内结构见图 2-6(c)]；当隔磁板插入 U 形永久磁铁与干簧管中间空隙时，由于干簧管失磁，其触点复位（即动合触点断开、动断触点闭合）。当隔磁板离开感应器后，干簧管内的触点又恢复动作。

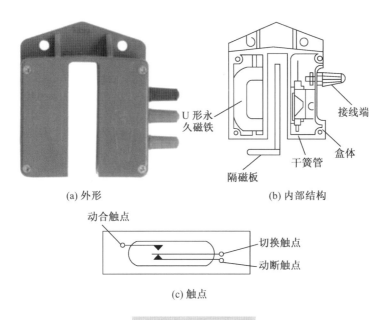

图 2-6 永磁感应器

4. PU 门区双稳态开关（X33）

双稳态开关平层感应装置是由双稳态磁性开关、与其配合使用的圆柱形磁铁及相应的装配机件构成的，如图 2-7 所示。这种装置广泛应用在 20 世纪 80 年代初的合资电梯中。该装置与干簧管感应器换速平层装置比较，具有电气线路敷设简便（井道内墙壁上不敷设相关控制线路）、辅助机件轻巧等优点。因此，在交流调压调速电梯上应用也较为广泛。

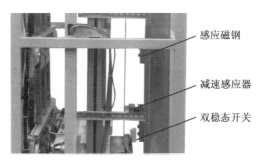

(a) 平层感应装置外形

(b) 双稳态开关

(c) 感应磁钢

图 2-7 平层感应装置

电梯向上运行时,双稳态开关接近圆柱形磁体的 S 极时开关动作(常开触点接通),接近圆柱形磁体的 N 极时开关复位(常开触点断开);电梯向下运行时,双稳态开关接近 N 极时动作,接近 S 极时复位。此时输出电信号,实现控制电梯到站平层停靠,双稳态开关与感应磁钢的距离应控制在 6~8 mm。因此,新安装竣工的电梯投入快速试运行前,应以检修慢速上、下运行一次,检查一下井道内装设的圆柱形磁体的 N、S 极性摆放是否符合控制系统的要求,然后再进行电梯的快速运行调试工作。

双稳态开关与干簧管感应器相比,优点是开关动作可靠,速度快,安装方便,不受隔磁板长度的限制。即对某一双稳态开关来讲,需开关动作的地方若放 N 极的话,在需开关复位的地方放 S 极即可。

5. 端站保护开关

目前多将上、下极限开关与限位开关、强迫减速开关一起组成三级端站防越程保护装置,并将极限开关串接在安全回路中。这种装置包括用角铁制成、长约 3 m、固定在轿架上的开关碰板,以及通过扁铁固定在导轨上的专用行程开关两部分,如图 2-8 所示。防越程保护开关都是由安装在轿厢上的碰板(撞杆)触动的,碰板必须保证有足够的长度,在轿厢整个越程的范围内都能压住开关,而且开关的控制电路要保证开关被压住(断开)时,电路始终不能接通。

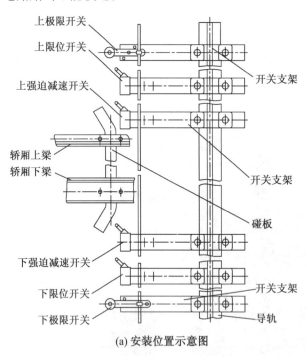

(a) 安装位置示意图　　(b) 开关外形

图 2-8　端站保护开关

(1) 强迫减速开关。

上、下端站的强迫减速开关是防越程的第一道保护,可在电梯到达端站楼面之前,提前一定距离强迫电梯将额定快速运行切换为平层停靠前慢速运行。当强迫减速开关动作时,轿厢立即强制转为低速运行。提前强迫换速点与端站楼面间的距离,与电梯的额定运行速度有关,可按略大于换速传感器的换速点进行调整。在速度比较高的电梯中,可设几个强迫减速开关,分别用于短行程和长行程的强迫减速。

(2) 限位开关。

限位开关是防越程的第二道保护,当强迫减速开关失灵,或由于其他原因造成轿厢在端站没有停层,超越上、下端站楼面一定距离而触动限位开关时,立即切断方向控制电路,使电梯停止运行。限位开关作用点与端站楼面的距离一般不得大于 100 mm。但此时仅仅是防止向危险方向运行,电梯仍能向安全方向运行。

(3) 极限开关。

极限开关是防越程的第三道保护。当限位开关动作后电梯仍不能停止运行时,会触动极限开关切断安全回路,使驱动主机迅速停止运转。对交流调压调速电梯和变频调速电梯,极限开关动作后,应能使驱动主机迅速停止运转;对单速或双速电梯,应切断主电路或主接触器线圈电路,极限开关动作应能防止电梯在两个方向运行,而且不经过有资质的人员调整,电梯不能自动恢复运行。

极限开关安装的位置应尽量接近端站,但必须确保与限位开关不联动,而且必须在对重(或轿厢)接触缓冲器之前动作,并在缓冲器被压缩期间保持极限开关的保护作用。

限位开关和极限开关必须符合电气安全触点的要求,不能使用普通的行程开关、磁开关、干簧管开关等传感装置。

三、常见故障分析与排除

1. 指令及召唤回路故障

这部分电路发生故障时的现象为:电梯能上/下行,能自动平层停车,自动开/关门,只是某一层指令或某一个召唤按钮失灵。

例 2-1 电梯能上/下行,召唤呼梯全部正常,2~4 楼轿内指令功能正常,但 1 楼轿内指令按钮失灵。

故障分析:厅外召唤呼梯全部正常并且部分轿内指令功能正常,说明安全回路和门锁回路正常。轿内指令及厅外召唤回路 PLC 接线图如图 2-9 所示。在电梯中每一层轿内指令按钮对应了 PLC 的一个输入点 X,由于只是 1 楼失灵,因此故障部位应为 1 楼轿内指令按钮输入点 X20 的输入回路。

检修过程:打开控制柜门,按下 1 楼轿内指令按钮,观察 PLC X20 输入继电器指示灯,发现该灯不亮。断电,用万用表检查 X20 输入继电器回路。经测量,发现 1AS 与 X20 之间导线断路,用导线将其短接。接通电源,1 楼轿内指令功能正常,故障排除。

检修小结:若轿内指令只是某层按钮失效,应检查输入继电器端;若轿内指令几层甚至全部失效,应检查 COM 端。在模型电梯中,轿内指令电路故障共设置了 K8~K11 共 4 个故障点,分别为 1、2、3、4 层轿内指令按钮失灵。

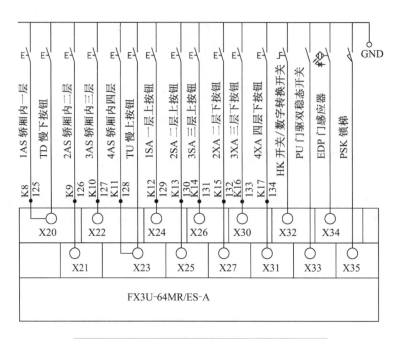

图 2-9 轿内指令及厅外召唤回路 PLC 接线图

例 2-2 电梯能上/下行，轿内指令功能全部正常，厅外 2 层上召按钮失效。

故障分析：轿内指令功能全部正常并且部分召唤呼梯正常，说明安全回路和门锁回路正常。如图 2-9 所示，在电梯中每个厅外召唤按钮对应了 PLC 的一个输入点 X，由于只是 2 层上召按钮失灵，因此故障部位应为 2 层上召按钮输入点 X25 的输入回路。

检修过程：打开控制柜门，按下 2 层厅外上召按钮，观察 PLC X25 输入继电器指示灯，发现该灯不亮。断电，用万用表检查 X25 输入继电器回路。经测量，发现 2SA 与 X25 之间的导线断路。用导线将其短接，接通电源，2 层厅外上召按钮功能正常，故障排除。

检修小结：在模型电梯中，厅外召唤电路中设置了 K12～K17 共 6 个故障点，分别为 1 层上召、2 层上召、3 层上召、2 层下召、3 层下召和 4 层下召按钮失效。

2. 指令登记电路故障

这部分电路发生故障时的现象为：电梯能上/下行，轿内指令、厅外召唤功能全部正常，只是某一层轿内指令或某一个厅外召唤按钮的指示灯不亮。

例 2-3 电梯能上/下行，轿内指令、厅外召唤功能全部正常，但在按下 2 层轿内指令按钮后，电梯能响应该指令，2 层指令按钮 LED 指示灯却不亮。

故障分析：选层和外召登记指示灯部分输出回路如图 2-10 所示。根据故障现象，电梯能响应轿内 2 层指令信号，表明 PLC 已经接到输入指令了，从而 2 层内选输入回路是好的，但 2 层内选指令登记指示灯不亮，因此故障部位应为 2 层选层指示灯输出回路。

检修过程：打开控制柜门，按下 2 层轿内指令按钮，观察 2 层指令输出继电器 Y11 指示灯，发现该灯亮。断电，检查图 2-10 所示的 Y11 继电器输出回路。经用万用表测量，发现 Y11 至指示灯 2R 的线段开路。用导线将其短接，通电，将电梯驶离 2 层，按下 2 楼轿内指令按钮，2 楼内选 LED 指示灯亮，电梯响应该指令，将电梯驶至 2 层，消除登记信号，故障排除。

检修小结：若 LED 指示灯电路发生故障，只需检查 LED 指示灯对应的输出继电器回路。必须指出，LED 指示灯电路故障不能与指令及召唤电路故障混淆。它们的区别在于，LED 指示灯电路故障能响应轿内指令和厅外召唤，而指令及召唤电路故障不能响应轿内指令和厅外召唤。在模型电梯的记忆电路中设置了 K38～K41 共 4 个故障点，分别为 1、2、3、4 层轿内指令 LED 无法点亮指示。

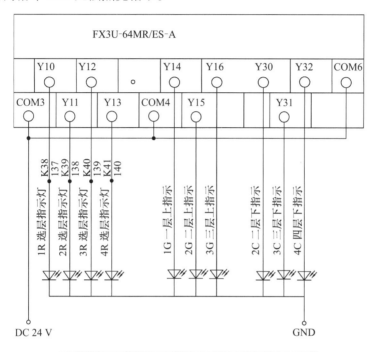

图 2-10 选层和外召登记指示灯部分输出回路

3. 楼层显示电路故障

这类故障造成的现象为电梯运行全部正常，只是楼层显示失灵。

例 2-4 电梯可上/下行，轿内指令、厅外召唤全部正常，电梯在 1 楼平层显示 0，在 3 楼平层显示 2，其余正常。

故障分析：PLC 楼层继电器输出回路如图 2-11 所示。楼层数字显示与输出状态的对应关系如表 2-2 所示。2 楼、4 楼楼层显示正常，应判定译码器工作正常，并且 Y20 和 Y21 输出回路正常；而 1 楼、3 楼楼层显示不正常，故障部位应为 Y17 输出继电器的输出线。

检修过程：将电梯驶至 1 楼或 3 楼，观察到输出继电器 Y17 指示灯亮。断电，用万用表检查 Y17 输出回路。经测量，发现 Y17 输出端至译码器 A 端开路。用导线将其短接，通电，楼层显示正常，故障排除。

检修小结：在模型电梯中，楼层显示电路设置了 K42～K44 三个故障，分别为 Y17、Y20、Y21 输出回路故障。如果是 Y20 输出回路故障，则电梯在 2 楼和 3 楼时楼层显示不正常；如果是 Y21 输出回路故障，则电梯在 4 楼时楼层显示不正常。所以遇到此类故障，只需检查相应输出继电器回路。

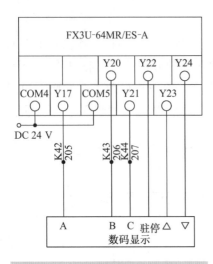

图 2-11　PLC 楼层继电器输出回路

表 2-2　楼层数字显示与输出状态的对应关系

显示数字	输出状态		
	Y21	Y20	Y17
1	0	0	1
2	0	1	0
3	0	1	1
4	1	0	0

 任务准备

1. PLC 由哪些部分组成？
2. PLC 输入端口有什么作用？
3. PLC 输出端口有什么作用？

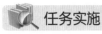 **任务实施**

识读图 2-3 所示的 PLC 输入/输出电路，完成以下任务。

1. 明确 PLC 输入电路所用电气元件的名称及作用，相同类型的要归类，填入表 2-3 中。

表 2-3　电气元件名称、符号、作用、安装位置及数量

序号	名称	符号	作用	安装位置	数量
1					
2					
3					
4					
5					
6					
7					
8					
9					
10					
11					
12					

2. 明确 PLC 输出电路所用电气元件的名称及作用，相同类型的要归类，填入表 2-4 中。

表 2-4 电气元件名称、符号、作用、安装位置及数量

序号	名称	符号	作用	安装位置	数量
1					
2					
3					
4					
5					
6					
7					

3. PLC 输入电路的公共端是什么？PLC 输出电路的公共端是什么？二者能否接到一起？

4. PLC 的电源电压是怎样的？多少伏？

5. 在图 2-3 中，PLC 有哪些输入端接的是常闭触点？

6. 正常待机状态下，电梯分别在 1 楼、2 楼、3 楼、4 楼时，PLC 输入电路上哪些点是接通的？

7. 若电梯产生如下故障现象，试确定故障部位。

（1）电梯能上/下行，轿内指令正常，召唤基本正常，只有 3 层下召失灵。

（2）电梯运行完全正常，但 2 层上召记忆灯不亮。

任务 2.2　识读变频器主电路及控制电路图

任务描述

识读变频器主电路及控制电路，明确电路所用电气元件名称及其所起的作用，掌握变频器电路的工作原理，能排除变频器电路简单故障。

相关知识

THJDDT-5 模型电梯曳引电动机采用三菱 FR-D740 型变频器拖动，具体接线如图 2-12 所示。

一、变频器

1. 主电路

变频器的主回路进线为三相 380 V 交流电，频率为工频 50 Hz。三相 380 V 交流电源经漏电保护断路器和熔断器 FU1、FU2、FU3 后接到变频器电源输入端，如图 2-12 中 L1、

L2、L3 所示；主回路变频器输出端，如图 2-12 中 U、V、W 所示，为三相交流电，其电压和频率为经变频器变化后的电压和频率（由 PLC 的输出回路控制），曳引电动机 M 为三相交流异步电动机。QC 为主接触器，RJ 为热继电器，电动机接入的是变频变压的电源。YC 是电源接触器，当上、下极限开关动作时，YC 线圈回路电源被切断。XJ 表示的是相序继电器，主要为了保证进线电源的相序；RUN 端子接 PLC 的输入端 X12，当变频器运行时，RUN 端子会输出高电平；STF、STR 为正反转控制端；RH、RL 分别为三段速/多段速的控制输入端。

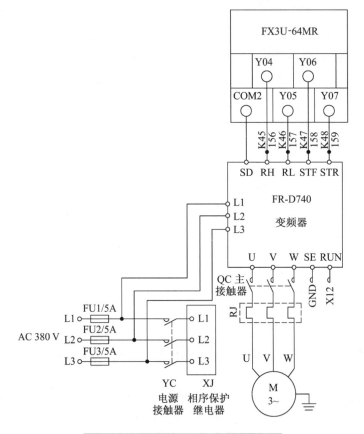

图 2-12 变频器主电路及控制电路

2. 曳引电动机的正反转控制

用 PLC 的 Y06 和 Y07 两个输出端分别控制变频器的 STF 和 STR 两个端子，作为曳引机的正反转控制信号。Y06 接通时，正转信号 STF 接通，电梯上行；Y07 接通时，反转信号 STR 接通，电梯下行。

3. 曳引电动机的转速控制

用 Y04、Y05 两个输出作为 RH 和 RL 信号，从而通过 PLC 对 Y04、Y05 的控制来改变轿厢运行的速度。根据要求的各段运行速度预先设定多段速参数，通过开启、关闭（由 PLC 对 Y04、Y05 控制）外部触点信号（RH、RL），改变电动机的运行速度，实现电梯加速、运行、减速、平层停车的控制要求。

RH、RL 输入端信号与曳引电动机速度的关系如图 2-13 所示。电梯正常工作下，当

RH、RL、STF 同时为 ON(Y04、Y05、Y06 均为 ON)时,轿厢在曳引电动机拖动下直接加速至正常行驶速度;一旦检测到减速信号,RL 信号为 OFF,轿厢在曳引电动机拖动下迅速减速至爬行速度;一旦检测到平层信号,RH 信号为 OFF,曳引电动机转速迅速下降至零,STF 信号为 OFF,PLC Y00 输出为 "0",主电路接触器 QC 线圈失电,抱闸线圈 DZ 失电,对电动机进行抱闸制动,轿厢平稳停至所需楼层并保持轿厢位置不变。在图 2-13 中只给出了电梯上行时的曲线,若电梯下行,则 STF 信号为 OFF,STR 信号为 ON,RH、RL 信号不变,曲线移至横坐标轴下方。

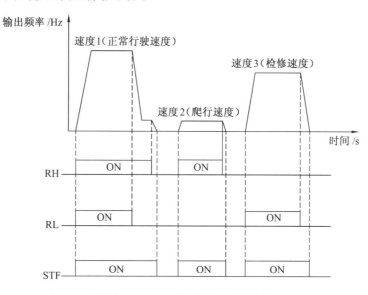

图 2-13 输入端信号与曳引电动机速度的关系

二、变频器参数设置

1. 基本参数设置

变频器的参数有几百个,在使用变频器时并不是每个参数都要设置,而是根据控制要求进行设定,具体参数表可以查阅变频器手册。表 2-5 列出了三菱变频器 D740 常用的参数。

表 2-5 三菱变频器 D740 基本功能参数一览表

参数	名称	设定范围	出厂设定值
Pr.1	上限频率	0~120 Hz	120 Hz
Pr.2	下限频率	0~120 Hz	0 Hz
Pr.3	基准频率	0~400 Hz	50 Hz
Pr.4	3 速设定(高速)	0~400 Hz	50 Hz
Pr.5	3 速设定(中速)	0~400 Hz	30 Hz
Pr.6	3 速设定(低速)	0~400 Hz	10 Hz

续表

参数	名称	设定范围	出厂设定值
Pr. 7	加速时间	0~3 600 s	5 s
Pr. 8	减速时间	0~3 600 s	5 s
Pr. 160	扩展功能显示选择	0、9999	9999
Pr. 79	操作模式选择	0~7	0
Pr. 80	电机容量	0.1~7.5 kW、9999	9999
Pr. 83	电机额定电压	0~1 000 V	400 V
Pr. 84	电机额定频率	10~120 Hz	50 Hz

变频器的多段速控制，其运行速度的参数由 PU 单元来设定。如果 PLC 有三个输出端分别控制 RH、RM、RL 信号的话，就可以通过分别设置 Pr.4、Pr.5、Pr.6 三个参数来实现三种速度。

2. 多段速控制的参数设定

模型梯中只用 Y04、Y05 两个输出端，实现快车、慢车和检修三种速度，需用七段速控制方式设置参数。通过外部端子的组合来切换，由 RH、RM、RL 的开关信号组合，最多可实现七段速控制。七段速控制的参数设定如表 2-6 所示。

表 2-6 七种速度的输出编码表

速度	RH 状态	RM 状态	RL 状态	参数	设定范围	出厂设定值	内容
速度 1	1	0	0	Pr. 4	0~400 Hz	50 Hz	设定仅 RH 为 ON 时的频率
速度 2	0	1	0	Pr. 5	0~400 Hz	30 Hz	
速度 3	0	0	1	Pr. 6	0~400 Hz	10 Hz	设定仅 RL 为 ON 时的频率
速度 4	0	1	1	Pr. 24	0~400 Hz、9999	9999	
速度 5	1	0	1	Pr. 25	0~400 Hz、9999	9999	设定 RH、RL 均为 ON 时的频率
速度 6	1	1	0	Pr. 26	0~400 Hz、9999	9999	
速度 7	1	1	1	Pr. 27	0~400 Hz、9999	9999	

正常速度（快车）行驶时，RH、RL 均为"1"，所以设置 Pr.25 参数为快车速度；爬行速度（慢速）行驶时，仅 RH 接通，所以设置 Pr.4 参数为慢速；检修时，仅 RL 接通，所以根据检修速度设置 Pr.6 参数。

三、常见故障分析与排除

例 2-5 电梯不能上/下行，轿内指令、厅外召唤可记忆，手动开/关门正常，在检修状态电梯也不能上/下行。

故障分析：轿内指令、厅外召唤可记忆，说明安全电路正常；手动开/关门正常，说明开/关门电路和门电机电路正常。正常状态、检修状态都不能上/下行，故障部位应在曳引电动机主电路或主电路接触器的线圈回路。

检修过程：打开控制柜门，观察主电路接触器 QC，发现 QC 并没有吸合，说明故障在 QC 的线圈回路。如图 2-14 所示，QC 的线圈回路由 QC1、DYJ、MSJ 三个中间继电器的常开触点串联起来控制，如果这三个继电器中哪个不亮，就查哪个的线圈回路。如观察到这三个继电器都亮了，表明 QC 的线圈回路连线断开。断电，用万用表检查各连接点。经测量，发现 QC 线圈与 DYJ 触点之间的连线开路。用导线将其短接，接通电源，电梯正常运行，故障排除。

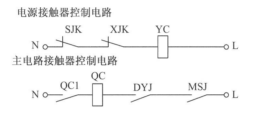

图 2-14 主电路接触器 QC 线圈回路

检修小结：一般曳引电动机主电路接触器 QC 在动作时会发出比较大的吸合声，所以主电路接触器的好坏可直接通过 QC 的吸合声来判断。

例 2-6 电梯能上/下行，平层准确，但速度极慢。

故障分析：通过对电梯运行速度曲线的分析（图 2-13），不难知道出现本例的故障现象是因为 PLC 输出继电器 Y05 出现故障，电梯是在以爬行速度运行。通过对 PLC 程序的分析知，故障部位只可能是 Y05 的输出回路。

检修过程：打开控制柜门，使电梯运行，观察到输出继电器 Y05 的指示灯亮。断电，用万用表检查 Y05 的输出回路。经测量，发现 Y05 与变频器的 RL 端连线开路。用导线将其短接，接通电源，电梯正常运行，故障排除。

检修小结：在电梯运行中，这种故障现象是比较特殊的，也是很容易判断的，即变频器上丢失了一路信号，关键是搞清楚丢失的是哪路信号。

1. 异步电动机有哪些调速方法？各有什么特点？
2. 变频器的作用是什么？
3. 变频器由几部分组成？各部分的功能是什么？

任务实施

1. 识读图 2-12 所示的变频器主电路,完成以下任务。

明确电路所用电气元件的名称及作用,填入表 2-7 中。

表 2-7 电气元件名称、符号、作用、安装位置及数量

序号	名称	符号	作用	安装位置	数量
1					
2					
3					
4					
5					
6					
7					
8					

2. 根据 PLC 电梯控制系统变频器主电路及控制电路(图 2-12)回答下列问题:

(1) 变频器主电路的输入端子是什么?输出端子是什么?

(2) 控制变频器运行的端子是什么?各有什么含义?

(3) 变频器的输入电压是多少?输出电压是多少?

3. 绘出电梯主电路、变频器主电路及控制电路。

4. 进行舒适系统控制程序设计,编写变频器速度控制程序(Y04、Y05),实现变频器多段速度自动切换,平稳停止。

变频器参数设置基本要求:

(1) 运行模式:可由外部端子控制。

(2) 加速时间为 1.6 s,减速时间在 1.6~2.2 s 之间。

(3) 运行高速为 30 Hz,低速为 16 Hz,检修为 8 Hz。

5. 如果 Y04 输出回路断开,会出现什么故障现象?Y06 断路呢?Y07 断路呢?

任务 2.3 识读安全、门锁及抱闸回路原理图

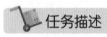

任务描述

识读安全、门锁及抱闸回路原理图,明确安全、门锁及抱闸回路所用电气元件名称及其所起的作用,掌握安全、门锁及抱闸回路的工作原理,能排除安全、门锁及抱闸回路电路简单故障。

单元 2 识读 PLC 控制电梯电路图

> **相关知识**

安全、门锁及抱闸回路如图 2-15 所示。

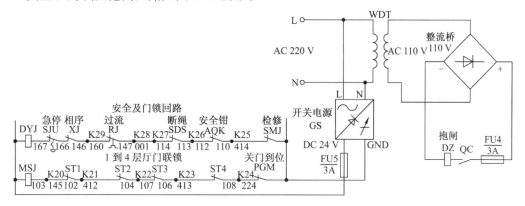

图 2-15 安全、门锁及抱闸回路

一、认识图中的电气元件

1. 继电器

继电器是一种根据特定形式的输入信号而动作的自动控制电器。它具有输入和输出回路，当输入量（电量或非电量，如电压、温度）达到预定值时，继电器即动作，输出量即发生与原状态相反的变化。

（1）中间继电器 DYJ、MSJ。

中间继电器通常用来传递信号和同时控制多个电路。中间继电器及图形符号如图 2-16 所示。中间继电器的结构和工作原理与交流接触器类似，当吸引线圈通电后，其常开触点闭合，常闭触点断开；线圈断电后，所有触点复位。由于中间继电器具有多对触点，所以可以把一个信号同时传给多个有关的控制元件或控制电路。又因其触点容量比一般继电器要大些，所以通过它可起到中间放大的作用。

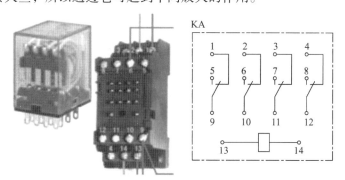

图 2-16 中间继电器及图形符号

（2）热继电器。

热继电器是依靠电流通过发热元件产生热效应而动作的一种电器。在电梯控制中主要用于电动机的过载保护。热继电器及图形符号如图 2-17 所示。

59

图 2-17 热继电器及图形符号

热继电器的主要技术数据是整定电流,即热元件通过的电流大小和经过多长时间动作,这就是热继电器的保护特性。当电流是整定值时,热继电器长期不动作;当通过的电流为整定电流的 1.2 倍时,热继电器应在 20 min 内动作。

(3) 相序继电器 XJ。

三相电源中有 L1 相、L2 相、L3 相,如果按照 L1 相、L2 相、L3 相的相序接入电动机,则电动机正转;按 L1 相、L3 相、L2 相的相序接入电动机,电动机就反转。当供电系统因某种原因造成三相动力线的相序与原相序有所不同时,就会导致电梯原定的运行方向变更为相反的方向,这就给电梯运行造成极大的危险性。同时为了防止电梯曳引电动机因电源断相造成不正常运转而导致电动机过热烧坏,在电梯控制系统中可设置断相错相保护装置。

如图 2-18 所示,相序继电器用于检测三相主电路的供电相序,由电阻、电容和氖泡组成三相交流电相序检测电路。三相供电电源正常、相序正确时,相序继电器 Normal(正常)灯亮,其常开输出触点 11-14 闭合;当三相电源缺相或相序不正确时,相序继电器 Alarm(报警/断相/错相)灯亮,常开输出触点 11-14 断开。

图 2-18 相序继电器

2. 主令电器

（1）急停开关。

急停开关属于主令控制电器的一种，当机器处于危险状态时，可通过急停开关切断电源，使设备停止运转，保护人身和设备的安全。急停开关是电梯、自动扶梯与自动人行道的一个必需的安全保护装置，它是一种双稳态开关，为弹簧下按式。使用时，用手按下急停开关，该开关将自动锁在断开状态，顺时针方向旋转后即可将急停开关复位。急停开关上装有蘑菇形钮帽，颜色为红色，急停开关及其图形符号如图 2-19 所示。急停开关串联接入设备的控制电路中，用于紧急情况下直接断开控制电路电源，从而快速制停设备，避免非正常工作。在电梯出现紧急情况（如事故、故障维修）时，按下急停开关，控制电路断电，电梯立即制停，实现保护。

图 2-19　急停开关及图形符号

（2）行程开关。

行程开关如图 2-20 所示，它由操作机构、触头系统和外壳组成，适用于控制生产机械的运动方向、行程大小或实现位置保护。行程开关是一种根据运动部件的行程位置而切换电路的电器，按照其安装位置和作用的不同，也称为限位开关或极限开关等。

行程开关的主要结构分为微动式、滚轮式和直动式三种。

① 微动式行程开关。

模型电梯开门、关门限位开关为微动式行程开关，用来实现电梯开门、关门到位时，停止开门、关门动作。模型电梯上的关门减速开关也是微动式行程开关。

注意： 电梯上的门锁开关是验证门锁紧状态的重要安全装置，门锁的电气触点要求与机械锁紧元件（锁钩）之间的连接是直接的且不会误动作的，此外当触头粘连时，也能可靠断开。门锁开关现在一般使用的是簧片式或插头式电气安全触点，普通的行程开关和微动开关是不允许用的。

② 滚轮式行程开关。

常用滚轮式行程开关如图 2-20（b）所示，它为可自复位行程开关，用来防止电梯运行超越行程。

③ 直动式行程开关。

限速器、安全钳、张紧轮开关和液压缓冲器开关是直动式行程开关，均为不可自复位行程开关，动作后，须采用手动复位，在无机房电梯中，限速器开关也可采用电动复位，用来实现超速保护。

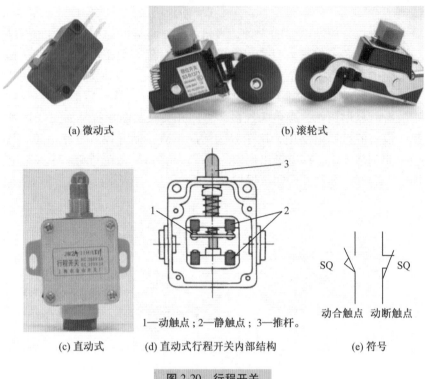

图 2-20 行程开关

3. 变压器

控制变压器及符号如图 2-21 所示。它由铁芯、原边绕组和副边绕组等组成。它适用于交流电路,可用来变换交流电压、电流的大小。

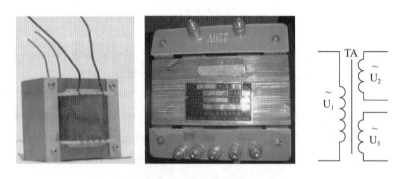

图 2-21 控制变压器及符号

4. 整流滤波设备

整流滤波设备将交流电变换成比较平滑的直流电,由整流桥堆和电容器组成。单相全波整流桥堆结构如图 2-22 所示。

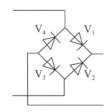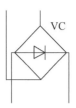

图 2-22　整流桥堆结构示意图及符号

5. 开关电源

开关电源也是一种把交流电变成直流电的装置。利用现代电力电子技术，控制开关管开通和关断的时间比例，维持稳定的直流电压输出。开关电源如图 2-23 所示。

图 2-23　开关电源

二、安全、门锁及抱闸回路工作原理

1. 安全回路

安全电压继电器线圈回路如图 2-24 所示。

在安全电压继电器 DYJ 线圈回路中有电梯急停开关 SJU、相序保护继电器 XJ 触点、热继电器 RJ 触点、底坑断绳开关 SDS、安全钳开关 AQK、轿顶检修开关 SMJ 等。只有在安全继电器回路中的所有开关接通的情况下，安全电压继电器 DYJ 线圈得电，电梯才有运行的可能。

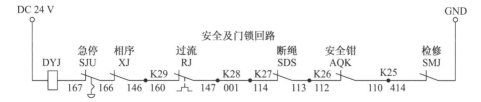

图 2-24　安全电压继电器线圈回路

2. 门锁回路

门锁继电器线圈回路如图 2-25 所示。

在门锁继电器 MSJ 线圈回路中，有 1~4 层厅门联锁开关 ST1~ST4 和轿门关门到位开关 PGM。只有当所有层门、轿门全部关闭，5 个门联锁开关全部接通时，电梯才能正常运行。

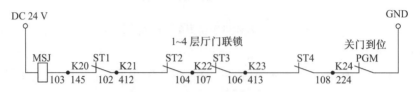

图 2-25 门锁继电器线圈回路

3. 曳引机抱闸回路

曳引机抱闸回路如图 2-26 所示。单相变压器初级接入电压 220 V 后，次级得到 110 V，110 V 经桥式整流后作为抱闸线圈的直流电源。

曳引机抱闸不能打开时应检查：

（1）抱闸弹簧是否太紧；

（2）DC 110 V 抱闸回路熔断器 FU4 是否烧断；

（3）110 V 整流桥桥堆是否烧断；

（4）抱闸回路各连接点是否松脱、断线。

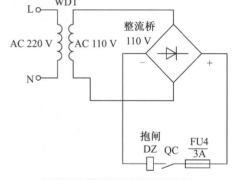

图 2-26 曳引机抱闸回路

4. 开关电源回路

AC 220 V 经开关电源，输出直流 24 V 作为安全、门锁继电器线圈、开/关门继电器线圈、按钮登记 LED 指示灯及译码器的直流电源。如果 PLC 所有的输入信号、楼层显示器都不亮，检查开关电源输出侧的熔断器 FU5 是否烧断。

三、常见故障分析与排除

1. 安全电压继电器回路故障

安全电压继电器回路发生故障时的现象为：电梯不能上/下行，并且轿内指令、厅外召唤按钮全部失灵。

例 2-7 电梯不能上/下行，轿内指令、厅外召唤按钮全部失灵。

故障分析：分析 PLC 程序可知，轿内指令、厅外召唤回路正常工作的前提必须是安全电压继电器回路正常，因此应检查安全电压继电器回路（图 2-24）。

检修过程：打开控制柜门，观察电压继电器（DYJ），发现 DYJ 线圈指示灯不亮。断电，用万用表检查 DYJ 线圈回路。经测量，发现 112 至 113 线段开路。用导线将其短接，通电，DYJ 线圈指示灯亮，轿内指令、厅外召唤正常，电梯工作正常，故障排除。

检修小结：在模型电梯中，安全电压继电器线圈回路中设置了 K25~K29 五个故障点，分别模拟 SMJ 检修开关（110-111）故障、AQK 安全钳开关（113-112）故障、SDS 断绳开关（114-147）故障、RJ 热继电器（147-001）故障和 XJ 相序继电器（146-160）故障。当所有按钮都不能启动运行电梯时,首先检查 DYJ 线圈指示灯,如果 DYJ 线圈指示灯不亮,应先检查 DYJ 线圈回路。

例 2-8 故障现象同例 2-7。

故障分析:根据例 2-7 的分析,应先检查 DYJ 线圈回路,但发现 DYJ 线圈指示灯亮,所以 DYJ 线圈回路正常。根据 PLC 接线图知道,DYJ 常开触点接入 PLC X05 输入端。在 DYJ 线圈回路正常的情况下,应检查 X05 输入回路。PLC X05、X06 输入回路如图 2-27 所示。

检修过程:打开控制柜门,观察到 DYJ 线圈指示灯亮,再观察 PLC X05 输入继电器指示灯,发现该灯不亮。断电,用万用表检查 X05 输入继电器回路。经测量,发现 DYJ 常开触点至 X05 端开路,用导线将其短接。通电,X05 输入继电器指示灯亮,轿内指令、厅外召唤正常,电梯工作正常,故障排除。

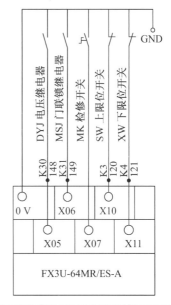

图 2-27 PLC X05、X06 输入回路

检修小结:在遇到轿内指令、厅外召唤按钮失效时,应先检查 DYJ 线圈回路,然后检查 DYJ 触点回路。在模型电梯中,DYJ 触点回路设置了一个故障点 K30。

2. 门联锁继电器回路故障

门联锁继电器回路发生故障时的现象为:电梯不能上/下行,轿内指令、厅外召唤能记忆,轿门时开时关。

例 2-9 电梯不能上/下行,轿内指令、厅外召唤能记忆,轿门时开时关。

故障分析:轿内指令、厅外召唤能记忆,说明安全电压继电器回路正常;轿门时开时关,说明开门继电器电路、关门继电器电路及门电机电路工作正常。对开/关门程序进行分析可以知道,轿门、层门的关闭,在程序中是用输入继电器 X06 接通来实现的。如果电梯关门超时,电梯自动开门,而电梯开门时间超过 4 s,又会使电梯执行关门动作。如此周而复始,电梯轿门时开时关。所以产生以上故障的原因主要是 X06 输入继电器没有接通。而 X06 输入继电器是通过门联锁继电器 MSJ 的常开触点来接通的。因此,故障部位是门联锁继电器 MSJ 线圈回路(图 2-25)和 X06 输入继电器回路。

检修过程:打开控制柜门,观察门联锁继电器 MSJ 线圈指示灯,发现该灯不亮。断电,用万用表检查 MSJ 线圈回路。经测量,发现 104 至 107 之间开路。用导线将其短接,接通电源,门联锁继电器 MSJ 线圈指示灯亮,电梯运行正常,故障排除。

检修小结:在模型电梯中,门联锁继电器线圈回路中设置了 K20~K24 共 5 个故障点,分别模拟 1~4 层厅门和轿门的故障。

例 2-10 故障现象同例 2-9。

故障分析：同例 2-9。

检修过程：打开控制柜门，观察门联锁继电器 MSJ 线圈指示灯，发现该灯亮，说明 MSJ 线圈回路正常，接着观察 X06 输入继电器指示灯，发现该灯不亮。断电，用万用表检查 X06 输入继电器回路。经测量，发现门联锁继电器 MSJ 常开触点与 X06 之间的连线开路。用导线将其接通，接通电源，X06 输入继电器指示灯亮，电梯运行正常，故障排除。

检修小结：电梯轿门若产生时开时关的故障现象，应检查 X06 输入继电器回路和门联锁继电器线圈回路。检查时观察 MSJ 线圈指示灯及 X06 指示灯，若两个都不亮，应先检查 MSJ 线圈回路，然后检查 X06 输入回路。在模型电梯的 X06 输入继电器回路中设置了一个故障点 K31。

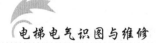

任务准备

1. 电梯启动运行的条件是什么？
2. 抱闸回路的作用是什么？

任务实施

1. 识读图 2-15 所示的安全、门锁及抱闸回路，完成以下任务。

（1）明确电路所用电气元件的名称及作用，填入表 2-8 中。

表 2-8 电气元件名称、符号、作用、安装位置及数量

序号	名称	符号	作用	安装位置	数量
1					
2					
3					
4					
5					
6					
7					

（2）小组讨论安全、门锁及抱闸回路工作原理。

2. 绘出电梯安全及门锁电路。

3. 绘出电梯抱闸电气控制电路。

4. 若电梯发生如下故障，试分析由此可能产生的故障现象。

（1）1 楼层门开关 ST1 损坏（不能闭合）。

（2）安全电压继电器 DYJ 线圈开路。

任务 2.4 识读电梯开/关门电气控制线路图

任务描述

识读电梯开/关门电气控制线路图，明确电梯开/关门电气控制线路所用电气元件名称及其所起的作用，掌握电梯开/关门电气控制线路的工作原理，能排除电梯开/关门电气控制电路简单故障。

相关知识

一、开/关门电路的工作原理

电梯开/关门电路如图 2-28 所示，图的左侧接的是 24 V 直流电正极，右侧接的是负极 GND(0 V)。图中 GMJ、KMJ 分别表示的是关门继电器和开门继电器的常开触点，SG 表示关门减速开关的常闭触点，GRM 表示电阻元件。可以看到，当开门继电器的常开触点接通时，24 V 电源→151→KMJ→M→214→216→KMJ→150→0 V 的电路导通，由于串联在电动机回路中的电阻(214-216)阻值很小，所以开门速度较快。当关门继电器的常开触点接通时，24 V 电源→153→GMJ→GMJ→SG→216→214→M→GMJ→152→0 V 的电路导通，大部分电阻被短路，此时关门速度较快，当门即将关上时，关门减速开关 SG 的常闭触点断开，此时相当于整个电阻 GRM 被串入直流电动机的电源回路，从而实现关门减速。

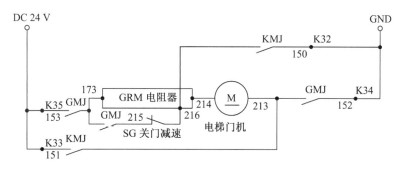

图 2-28 电梯开/关门电路

二、常见故障分析与排除

开/关门电路发生故障时的现象为：电梯开门或关门发生异常。

例 2-11 电梯能上/下行，能自动开/关门，轿内开/关门按钮正常，但触板开关失灵。

故障分析：触板开关的作用是在电梯关门过程中，有物体被门夹住时，触板使开关动作，使电梯实行开门动作。根据 PLC 原理图可知，触板开关和开门按钮并联共用 PLC 的 X14 输入继电器。PLC 的 X14 输入继电器回路如图 2-29 所示。因轿内开门按钮正常，所以故障应为触板开关损坏或引线开路。

检修过程：因故障部位相当明确，所以断电后直接用万用表检查触板开关及引线。经测量，发现触板开关一端引线开路。用导线将断点处短接，接通电源，触板开关功能恢复正常，故障排除。

检修小结：若轿内开门按钮正常，触板开关失灵，只需检查触板开关回路；若触板开关正常，轿内开门按钮失灵，则检查轿内开门按钮回路。在模型电梯中，触板开关回路和轿内开门按钮回路各设置了一个故障点 K5 和 K6。

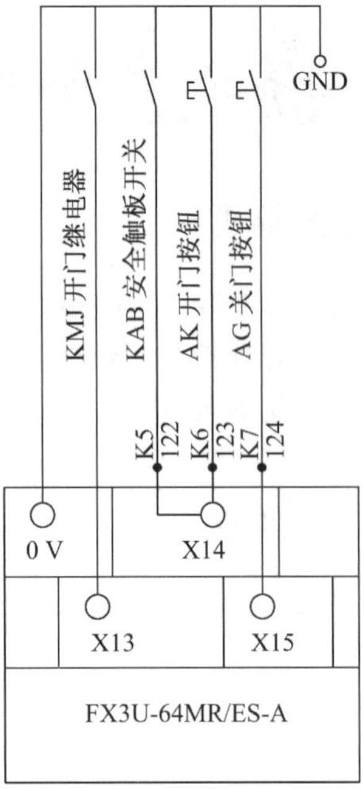

例 2-12 电梯能上/下行，能自动开/关门，但轿内关门按钮失灵。

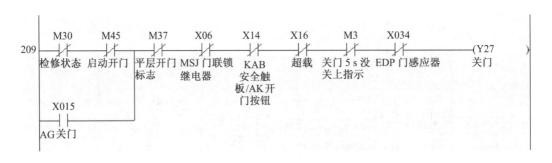

图 2-29　X13~X15 输入继电器回路

故障分析：电梯能自动关门，说明关门输出继电器 Y27 及输出回路正常，即关门继电器 GMJ 线圈回路及门电机回路正常。输出继电器 Y27 控制程序如图 2-30 所示。在 PLC 程序中，自动关门通过 M45 辅助继电器的常闭触点来实现，而关门按钮通过输入继电器 X15 来实现。根据 Y27 的控制程序，故障部位应为 X15 输入继电器回路。

图 2-30　输出继电器 Y27 控制程序

检修过程：打开控制柜门，按下关门按钮，观察 X15 指示灯，发现该灯不亮。断电，用万用表检查 X15 输入继电器回路（图 2-29）。经测量，发现关门按钮与 X15 之间的连线开路。用导线将其短接，接通电源，按下关门按钮，电梯执行关门动作，故障排除。

检修小结：若自动关门正常，轿内关门按钮失灵，应检查 PLC 关门输入继电器 X15 回路。在模型电梯中，X15 输入继电器回路中设置了故障点 K7。

例 2-13 电梯能上/下行，但电梯平层停车后不能自动开门，按下开门按钮同样无效，一段时间后，电梯能响应其他轿内指令或厅外召唤。

故障分析：电梯能上/下行，说明电梯运行线路正常。电梯平层停车后不能自动开门且按下开门按钮同样无效，根据 PLC 的控制程序，说明开门输出继电器 Y26 输出回路存在故障，即开门继电器 KMJ 线圈回路或门电机回路存在故障。又因为一段时间后，电梯能响应其他轿内指令或厅外召唤，说明 PLC 程序中 X13 输入继电器没有起作用。而 X13 由开门继电器 KMJ 的常开触点进行接通，由此可以确定故障部位为开门继电器 KMJ 线圈回路。开/关门继电器线圈回路如图 2-31 所示。

检修过程：打开控制柜门，将电梯驶至某层停车后，观察开门输出继电器 Y26 指示灯，发现该灯亮。再观察开门继电器 KMJ 线圈指示灯，发现不亮。断电，用万用表检查 KMJ 线圈回路。经测量，发现 KMJ 线圈至开门到位开关 PKM 之间导线开路。用导线将其短接，接通电源，运行电梯，电梯能实现自动开门，按下开门按钮同样有效，故障排除。

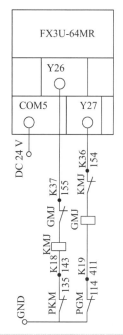

图 2-31 开/关门继电器线圈回路

检修小结：碰到此类故障，应着重检查开门继电器 KMJ 线圈回路。在模型电梯中，KMJ 线圈回路中设置了 K18、K37 两个故障点。

例 2-14 电梯能上/下行，但电梯平层停车后不能自动开门，按下开门按钮同样无效，能记忆其他轿内指令或厅外召唤，但不能响应。

故障分析：此故障现象与例 2-13 相似，因电梯平层停车后不能自动开门，按轿内开门按钮也无效，根据例 2-13 的分析知道，故障部位为 KMJ 线圈回路或门电机回路。由于电梯不能响应其他召唤或指令，说明程序中运行启动继电器 M17 没有接通。运行启动继电器 M17 控制梯形图如图 2-32 所示，可见 M17 接通的条件是 X13 必须复位。

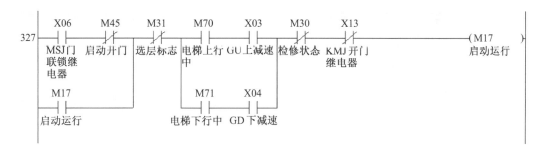

图 2-32 运行启动继电器 M17 控制梯形图

X13 由开门继电器 KMJ 常开触点控制，一旦 KMJ 线圈得电，输入继电器 X13 接通，X13 常闭触点断开，M17 不能接通。开门继电器 KMJ 线圈的断电由开门到位开关 PKM 控制，电梯轿门一旦打开，开门到位开关 PKM 动作，KMJ 线圈断电，X13 输入继电器断电，启动运行继电器 M17 才有通电的可能。如果开门继电器 KMJ 线圈得电以后，电梯不进行开门动作，则 KMJ 线圈永远也不会断电，电梯永远也无法响应其他指令和召唤。所以在这个故障现象中，KMJ 线圈回路正常，故障部位应该在门电机开门电路中。

检修过程：打开控制柜门，观察开门输出继电器 Y26 和开门继电器 KMJ 线圈的指示灯，都亮。再观察输入继电器 X13 的指示灯，也亮。由此断定故障在门电机开门电路中。断电，用万用表检查门电机开门电路（图 2-28）。经测量，KMJ 常开触点与 DC 24 V 之间的连线开路。将该线路接通，再接通电源，按下开门按钮，电梯能进行开门动作，也能响应其他指令或召唤，并能进行自动开门动作，则故障排除。

检修小结：电梯产生上述故障现象，应能断定是门电机电路发生故障，可直接检查门电机电路。注意本例与例 2-13 的区别，例 2-13 中电梯能响应其他指令或召唤，而本例中不能响应。具体原因在故障分析中作了详细分析，请读者自己体会。在模型电梯中，这种故障在门电机电路中设置了 K32、K33 两个故障点。

例 2-15 电梯能响应每一次轿内指令或厅外召唤，平层停车后能自动开门，但不能自动关门，按下轿内关门按钮同样无效。

故障分析：在电梯中，轿门的开启与关闭是通过门电机的正转与反转来实现的。轿门的开启通过 Y26 接通开门继电器 KMJ 线圈来实现，轿门的关闭则通过 Y27 接通关门继电器 GMJ 线圈来实现。因电梯不能自动关门，也不能手动关门（按关门按钮），故应能判定故障部位在关门继电器 GMJ 线圈回路或门电机关门电路中。

检修过程：打开控制柜门，将 PLC 关一次再运行。将电梯运行至某一层，注意观察 PLC 上的 Y27 输出继电器的指示灯在电梯自动开门一段时间后（约 4 s）是否亮，发现该灯亮。再观察当 Y27 指示灯亮时关门继电器 GMJ 的线圈指示灯是否亮，发现该灯不亮。因此，可断定故障部位在关门继电器 GMJ 的线圈回路中。断电，用万用表检查 GMJ 线圈回路。经测量，发现 GMJ 的线圈与 Y27 之间的连接线路开路。将断路处接通，再接通电源，电梯能自动关门，轿内关门按钮同样有效，故障排除。

检修小结：如果出现上面的故障现象，故障部位应该在关门继电器 GMJ 的线圈回路或门电机关门电路中。在模型电梯中，GMJ 线圈回路设置了两个故障点 K19 和 K36，门电机关门电路设置了两个故障点 K34 和 K35。如果 GMJ 线圈回路正常（通过 GMJ 线圈指示灯的亮暗来判断，指示灯亮说明 GMJ 线圈回路正常，指示灯暗说明 GMJ 线圈回路有故障），则检查门电机关门电路。

任务准备

1. 电梯开门的条件是什么？
2. 电梯关门的条件是什么？

任务实施

1. 识读图 2-28 所示的电梯开/关门电路，完成以下任务。
（1）明确电路所用电气元件的名称及作用，填入表 2-9 中。

表2-9 电气元件名称、符号、作用、安装位置及数量

序号	名称	符号	作用	安装位置	数量
1					
2					
3					
4					
5					
6					
7					

（2）小组讨论开/关门电路的工作原理。

2. 绘出电梯开门电气控制电路。

3. 绘出电梯关门电气控制电路。

4. 若电梯发生如下故障，试分析由此可能产生的故障现象。

（1）开门继电器 KMJ 线圈开路。

（2）关门到位开关 PGM 损坏（开路）。

任务2.5 识读 PLC 电梯控制系统梯形图

任务描述

识读 PLC 电梯控制系统梯形图，明确电梯控制系统各环节的工作原理，能排除电梯控制系统简单故障。

相关知识

一、PLC 电梯控制系统梯形图

1. 电梯定位、楼层指示电路

（1）电梯控制模式。

本模型电梯 PLC 内有两种控制方式，即开关量控制与数字量控制。这两种控制方式通过转换开关 HK 进行转换，HK 转换开关对应 PLC 的 X32 输入继电器。开关量控制的减速信号记作 M90，数字量控制的减速信号记作 M91。采用开关量控制模式时，电梯的减速信号和停止信号分别由井道内减速感应器 IPG（X02）和门区双稳态开关 PU（X33）提供；采用数字量控制模式，就是由编码器提供脉冲数（反映了电梯的实际运行高度），将其与电梯自学习时预存的楼层信息（脉冲数）进行比较，得出轿厢的位置，从而发出减速、停止信号，避免了由于减速感应器受到干扰而误动作所产生的故障，提高了电梯的稳定性。但是井道里的这些开关不能省，因为在电梯自学习时需要这些开关的信号。

在开关量控制模式下，当井道内减速感应器 IPG 有信号时，给 M90 置位，为电梯提供减速信号，如图 2-33 所示。X33 动作时，表示到达开门区，平层停车。

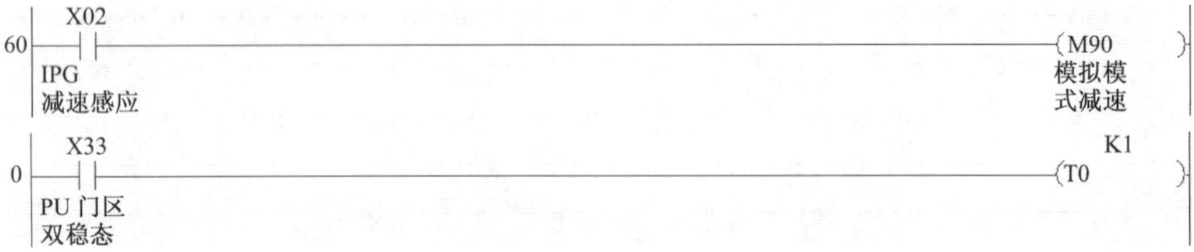

```
      X02
60   ─┤├──────────────────────────────(M90)
      IPG                              模拟模
      减速感应                          式减速

      X33                              K1
 0   ─┤├──────────────────────────────(T0)
      PU 门区
      双稳态
```

图 2-33　开关量控制模式减速、平层停车梯形图

（2）高速计数器。

用高速计数器 C235 记录平层感应器的编码器脉冲数据，一方面作为数字量控制模式减速、停车的依据，另一方面传送到人机界面作为电梯高度或速度的显示。

① 高速计数器赋初值。

高速计数器初值须大于电梯轿厢最高位置时对应的编码器脉冲数，如 90 000，这样可以避免高速计数器 C235 中的计数值溢出，如图 2-34 所示（步 10 开始）。

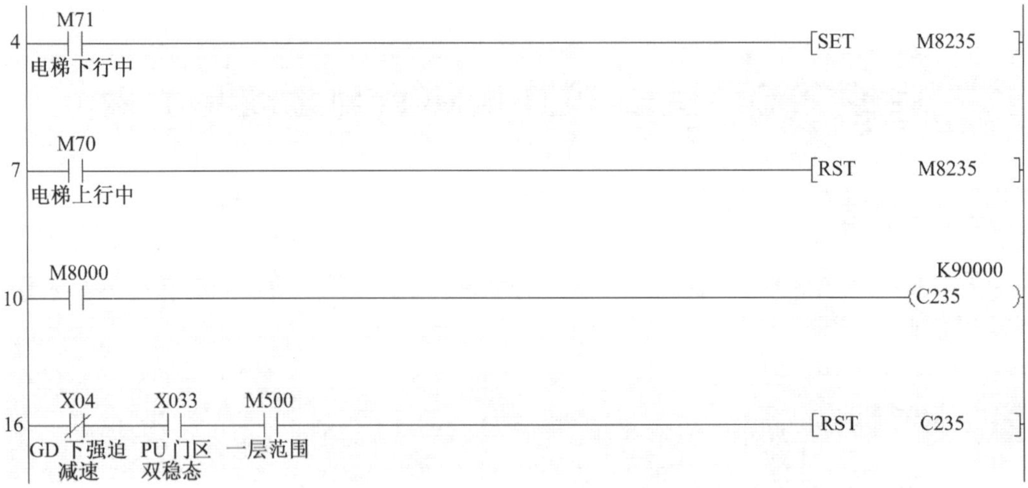

```
      M71
 4   ─┤├──────────────────────────[SET   M8235]
      电梯下行中

      M70
 7   ─┤├──────────────────────────[RST   M8235]
      电梯上行中

      M8000                               K90000
10   ─┤├──────────────────────────────(C235)

      X04    X033    M500
16   ─┤├────┤├─────┤├──────────────[RST   C235]
      GD 下强迫  PU 门区  一层范围
      减速    双稳态
```

图 2-34　高速计数器梯形图

② 设置高速计数器的计数方式。

用特殊继电器 M8235 设置高速计数器的计数方式，电梯下行时，M8235 置位，C235 减计数；电梯上行时，M8235 复位，C235 增计数。其中 M70 和 M71 为电梯运行方向继电器。

③ 当电梯在 1 层范围内，且电梯在门区，下强迫减速开关动作了，这 3 个条件都满足时，认为电梯在最底层，C235 计数器复位，将编码器计数值清零。

（3）井道自学习。

系统在初次上电时，由于电梯的位置不定，需要对井道的参数进行自学习，包括每层的层高、强迫减速开关、限位开关的位置。电梯井道自学习的梯形图如图 2-35 所示。PLC 初次上电时，安全回路、门锁回路都接通的情况下，将电气控制柜中的正常/检修开关 MK 扳到检修位置，将电梯开至下限位处，然后长按电梯的关门按钮 10 s，则电梯井道自学习继电器 M150 接通，电梯开始上行，进行井道自学习，记录减速传感器位置。电梯井道自学习时，当上强迫减速开关动作，且上限位开关也动作时，M150 复位，结束井道自学习。

```
         X05      X06      X07      X11      X15      X32      X35                      K100
21      ─┤├──────┤├──────┤├──────┤├──────┤├──────┤├──────┤├─────────────────────────(T62)
         DYJ电压  MSJ门联  MK检修   XW下限位 AG关门   HK开关/  PSK锁梯
         继电器   锁继电器                           数字转换

         T62
31      ─┤├──────────────────────────────────────────────────────────────────────────(M150)
         │
         M150
        ─┤├──

         M150     X03      X10
34      ─┤├──────┤/├──────┤/├──────────────────────────────────────────────[RST  M150]
                  GU上强迫 SW上限位
                  减速
```

图 2-35　电梯井道自学习梯形图

（4）楼层指示电路。

楼层指示电路反映电梯轿厢实际所在的位置，其梯形图如图 2-36 所示。

图 2-36　楼层指示电路梯形图

用 4 个辅助继电器 M500～M503 来记忆楼层数。当轿厢在 1 楼时，M500 为 1；当轿厢在 2 楼时，M501 为 1；当轿厢在 3 楼时，M502 为 1；当轿厢在 4 楼时，M503 为 1。楼层继电器输出回路如图 2-11 所示。当 Y21Y20Y17 = 001 时，通过译码器显示相应的楼层

"1";当 Y21Y20Y17 = 010 时,译码器显示"2";当 Y21Y20Y17 = 011 时,译码器显示"3";当 Y21Y20Y17 = 100 时,译码器显示"4"。

步 388~395 为用 M500~M503 控制楼层输出继电器 Y17、Y20 和 Y21 时:电梯在 1 层或 3 层时,Y17 = 1;电梯在 2 层或 3 层时,Y20 = 1;电梯在 4 层时,Y21 = 1。

(5) 楼层控制电路。

楼层控制电路梯形图如图 2-37 所示。X03 是上强迫减速,X04 是下强迫减速,外部均为常闭触点。X04 动作(不亮)时表示电梯在"1"层,M500 = 1;X03 动作(不亮)时表示电梯在"4"层,M503 = 1。电梯上/下运行每经过一个减速开关,楼层继电器 M500~M503 的 1 状态将左/右移位。具体分析如下:

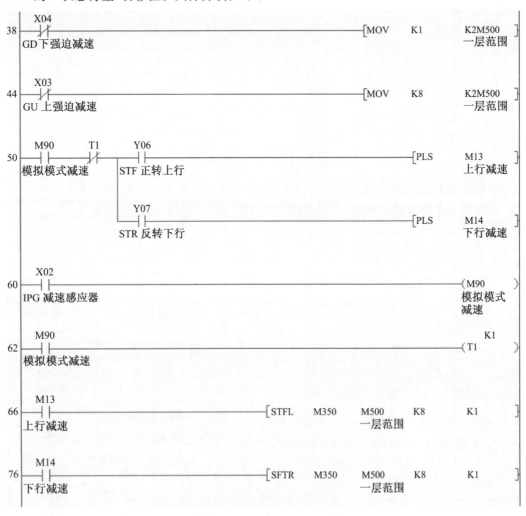

图 2-37 楼层控制电路梯形图

① 程序步 38~43:电梯在 1 层时,X04 断开,把 1 传送到 M500,使 M500 = 1,代表一层范围。电梯在 1 层时,下强迫减速开关动作,X04 输入指示灯不亮,梯形图(图 2-37)中 X04 常闭触点接通,执行 MOV 指令,把 K1 传送到辅助继电器组 K2M500(即 M507~M500 这 8 个辅助继电器),使 M500 = 1,M500 接通,代表 1 层范围,显示"1"层。

② 程序步 44~49：电梯在 4 层时，X03 断开，把 1 传送到 M503，使 M503 = 1，代表四层范围。电梯在 4 层时，上强迫减速开关动作，X03 输入指示灯不亮，梯形图中 X03 常闭触点接通，执行 MOV 指令，使 M503 = 1，M503 接通，代表 4 层范围，显示 "4" 层。

③ 电梯上/下行遇到减速开关，楼层继电器移位。

步 60~61：遇到减速开关时，X02 接通，M90 接通。在开关量控制模式下，由减速感应器 IPG（蓝色磁簧开关）提供楼层信号。当电梯经过一个减速永磁开关时，楼层感应器 X02 接通开关量减速继电器 M90。

步 50~59：M90 每接通一次，如果电梯上行，则 M13 脉冲输出；如果电梯下行，则 M14 脉冲输出。每到一个减速开关，根据轿厢上/下行情况分别接通左移脉冲继电器 M13 和右移脉冲继电器 M14，就可以辨别所在楼层了。如果电梯上行（Y06 接通），左移脉冲继电器 M13 脉冲输出；电梯下行（Y07 接通），右移脉冲继电器 M14 脉冲输出。这里用到时间继电器 T1，并且用到脉冲指令，是指减速开关动作 1 次，M13/M14 只接通一个脉冲，后面的移位指令只移动 1 位。

步 66~75：电梯上行，M13 接通时，控制 M507~M500 的 1 信号位左移，反映出轿厢的实际位置。例如，目前电梯位于 1 层，M500 为 ON，即 M500 为 1，楼层显示为 "1"。当 2 层有呼叫信号，到达 2 层时，上行减速信号触发，M13 通过位左移指令 SFTL，使 K2M500 左移 1 位，M501 为 1，楼层显示由 "1" 变为 "2"；当轿厢上行至 3 楼时，再从 M501 左移 1 位，M502 为 1；当轿厢上行至 4 楼时，M503 为 1。

步 76~85：电梯下行，M14 接通时，控制 M507~M500 的 1 信号位右移，反映出轿厢的实际位置。例如，电梯从 4 楼下行时，经过 1 个减速感应器，由 M90 接通 M14（参见步 50~59），通过位右移指令，使 1 从 M503 右移 1 位到 M502，楼层显示由 "4" 变为 "3"；当轿厢下行至 2 楼时，再从 M502 右移 1 位，M501 为 1；当轿厢下行至 1 楼时，M500 为 1。

2. 指令回路

指令回路的作用是将轿内指令信号记忆并指示，当电梯响应后自动将其消除。THJDDT-5 模型电梯指令回路梯形图如图 2-38 所示。

（1）步 89~92：是主控指令，只有电压继电器接通时，X05 接通，MC 主控指令后面从步 93 到步 387（主控复位[MCR N0]）间的指令才执行。

（2）步 93~95：M31 为选层继电器，是电梯到达目标层区域的减速运行标志，M31 动作时，减速运行、平层停车，M32 接通。

（3）步 96~100：也是一个主控指令，N1 是嵌套在 N0 内部的一个主控，就是说，从步 101 到步 171（N1 主控复位[MCR N1]）之间的这段程序，不但要在 X05 接通的情况下，而且必须是在电梯处于正常状态（即 X30 常闭触点接通）、没有锁梯（即 X35 常闭触点接通）的情况下，按下内选、外呼按钮才会有效，否则，如果安全回路不正常、检修或锁梯，指令和召唤信号全部无效。

（4）步 101~128：按下相应楼层指令按钮（X20~X23），相应楼层指令记忆继电器（M100~M103）接通并自锁，同时点亮楼层记忆灯（Y10~Y13）。一旦轿厢经过该楼层，相应楼层继电器（M500~M503）接通，断开该楼层指令记忆继电器（M100~M103）并使记忆指示灯（Y10~Y13）灭掉。以 1 层内选为例，假如电梯目前不在 1 层（即 M500 断开），此时有人按下 1 层内选按钮（X20 闭合），则 M100 得电接通并自锁，1 层内选灯 Y10 亮，表明信号登记上了;当到达1层(M500接通)、停止(M32接通)时,M500和M32两个常闭触点都断开,自锁信号断开,1层内选灯Y10灭,销号。将M500的常闭触点与M32的常闭触点并联,是指这两个条件都满足时,1层内选信号才会销号。具体来说,只有在电梯到达1层时,M500常闭触点断开,并且1层有停站要求时,M32常闭触点断开,这两个条件都满足了,1层内选销号、停车。否则,电梯到达1层时,尽管M500接通了,但M100回路仍通过M32的常闭触点保持接通,1层就不会停车。

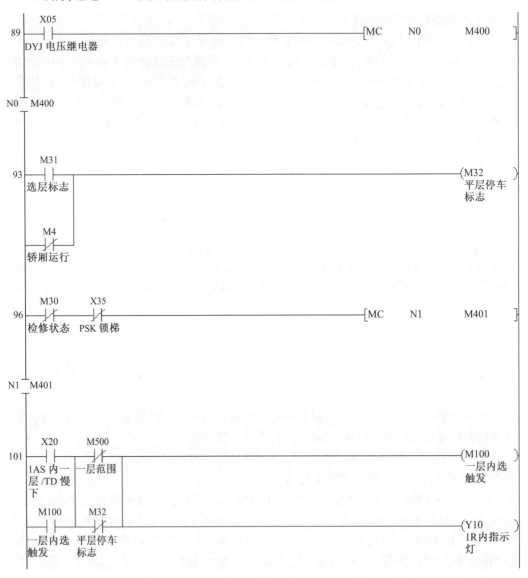

图 2-38 指令回路梯形图

在PLC程序中,每一个轿内指令输出继电器(Y10~Y13)或每一个厅外召唤输出继电器(Y14~Y16、Y30~Y32)旁都并联了一个内部辅助继电器(M100~M123),而在PLC程序中参与逻辑运算的是内部辅助继电器(M100~M123),输出继电器(Y10~Y13)只用来接通信号登记指示灯。

3. 召唤回路

召唤回路的作用是将厅外召唤信号记忆并指示,当电梯响应后自动将其消除。由于除两个端站外其他各层均有两个召唤(上召、下召)按钮,而且召唤的响应是顺向响应,为此在召唤回路中加入了方向监视的继电器 M33 和 M34,电梯通过 M33 与 M34 实现顺向响应,逆向保留。THJDDT-5 模型电梯的召唤回路梯形图如图 2-39 所示。

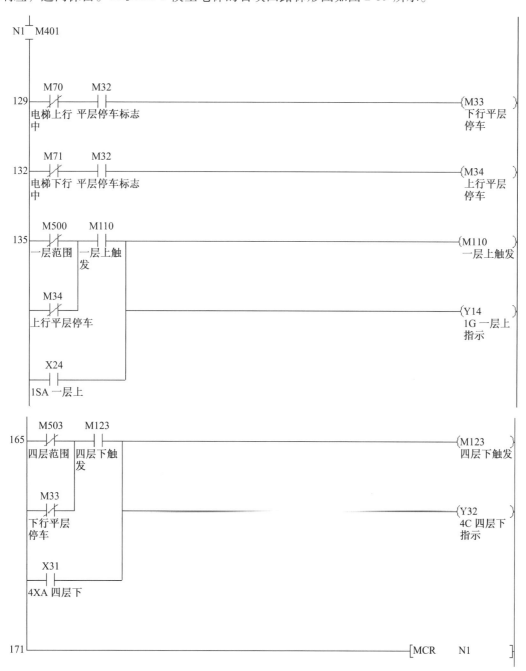

图 2-39 召唤回路梯形图

(1) 主控触点 M401：与指令回路一样，召唤回路也只有在安全电压继电器接通的情况下才执行。只有在安全回路接通、非检修、非锁梯情况下，召唤回路才有效。

(2) 步 129~131：电梯上行时，M70 常闭触点断开，M33 断开；电梯下行（M70 常闭触点闭合）、平层停车时，M33 接通。

(3) 步 132~134：电梯下行时，M71 常闭触点断开，M34 断开；电梯上行（M71 常闭触点闭合）、平层停车时，M34 接通。

(4) 按下上召（X24~X26）或下召按钮（X27~X31），接通相应楼层的上召或下召继电器（M110~M112、M121~M123）并自锁，相应楼层的上召或下召记忆指示灯（Y14~Y16、Y30~Y32）点亮。例如，步 135~140：按下 1 层厅外上行按钮，X24 闭合，M110 得电接通并自锁，1 层上指示灯 Y14 点亮，表明信号登记上了；当电梯到达 1 层（M500 接通）且电梯方向是上行（与厅外召唤同向）时，平层停车，M34 接通，M110 自锁信号断开，1 层上指示灯 Y14 熄灭，销号，此为"顺向响应"；如果电梯是下行中（此时与召唤是反向的）到达 1 层，那么 M34 是断开的，其常闭触点会让 M110 依然自锁，此为"逆向保留"，不销号。

(5) 步 165~170：按下 4 层厅外下行按钮，X31 闭合，M123 得电接通并自锁，4 层下指示灯 Y32 点亮，表明信号登记上了；当到达 4 层（M503 接通）且电梯方向是下行（与厅外召唤同向）时，平层停车，M33 接通，自锁信号断开，4 层下指示灯 Y32 熄灭，销号，此为"顺向响应"；如果电梯是上行中（此时与召唤是反向的）到达 4 层，那么 M33 是断开的，其常闭触点会让 M123 依然自锁，此为"逆向保留"，不销号。

4. 定向回路

定向电路的作用是根据电梯目前的位置和轿内指令所选定的楼层或厅外召唤信号情况，确定电梯的运行方向是向上还是向下。

电梯运行方向的确定，实际就是将指令和召唤的楼层位置与电梯的实际位置相比较，若前者在上（楼层位置的上下），电梯则选择向上，相反则选择向下。方向的实现，首先由楼层继电器形成选向链，然后将每层的指令和召唤相应接入，THJDDT-5 模型电梯的定向电路梯形图如图 2-40 所示。由 M500~M503 楼层继电器形成选向链，将每层指令（M100~M103）和上召唤（M110~M112）、下召唤（M121~M123）对应接入。

对同时多个内选和外呼信号，具体上下行逻辑响应原则为"按最先的呼叫定向，同向响应，顺向截梯，逆向保留，最远端反向截梯"。

(1) 电梯在 1 层时，M500 接通，当 2、3、4 层有呼叫（内选或外呼统称呼叫，下同）时，电梯上行，M70 为 1，M71 为 0。电梯到达呼叫层时，相应的楼层继电器 M50n（$n=$0~3）得电，从而使得它之前的呼叫信号销号，该楼层的呼叫不再对 M70 电梯上行有影响。

(2) 电梯在 2 层时，M501 接通，当 3、4 层有呼叫时，电梯上行，M70 为 1，M71 为 0；若 3、4 层没有呼叫，而是 1 层有呼叫，2 层就是最远端，电梯下行（即最远端反向截梯），M70 为 0，M71 为 1。

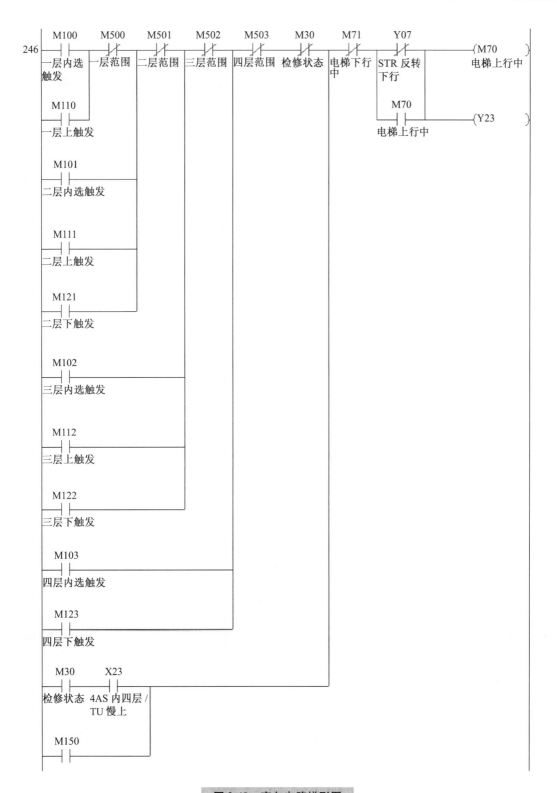

图 2-40　定向电路梯形图

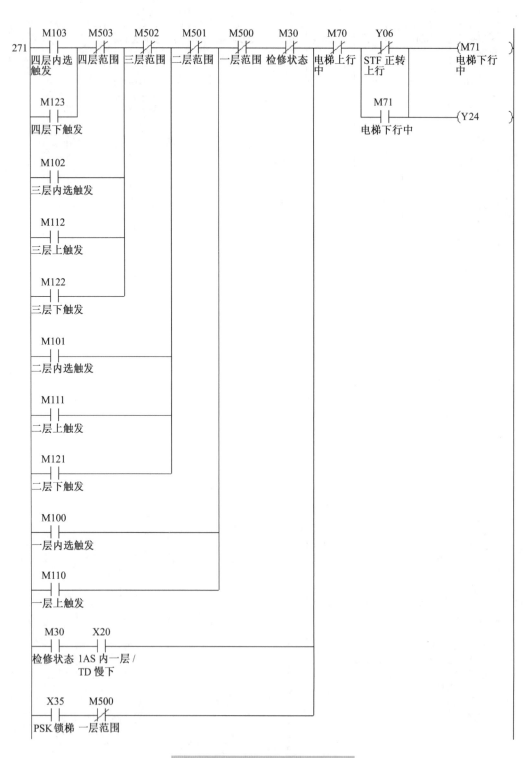

图 2-40 定向电路梯形图（续）

(3) M70、M71常闭触点的互锁，实现"按最先的呼叫定向"。例如，电梯在2层时，1层和3层都有呼叫，那么电梯究竟是上行还是下行，取决于最先的呼叫：当3层先呼叫时，M70为1，其常闭触点断开，使M71为0，电梯定向为上行；如果是1层先呼叫，则M71为1，电梯定向下行。电梯上行至3楼时，M502接通，当4层有呼叫时，电梯上行，M70为1，M71为0；若4层没有呼叫，而是1、2层有呼叫，3层就是最远端，电梯变为下行，M70为0，M71为1。

(4) 电梯在4层时，M503接通，当1、2、3层有呼叫时，电梯下行。

另外，若电梯在检修，则M30接通，使用向上或向下按钮（或4层指令按钮和1层指令按钮）可以使电梯以检修的速度向上或向下运行。

5. 选层回路

电梯运行中，为什么会在有些楼层停，在有些楼层不停呢？这是由选层电路决定的，选层电路根据轿内指令或上、下行外召指令自动地正确选择停靠层站，电梯到达选定层站时，换速并停靠。也就是说，选层意味着要减速准备平层停车，能正确响应任一楼层内选、外呼信号，到达该楼层时，电梯停止运行，电梯门打开。

对多个同向的内选信号，按到达位置先后次序依次响应，如电梯1层上客后，内选信号有2层、3层和4层，则先响应2层，再响应3层，最后响应4层。THJDDT-5模型电梯选层回路梯形图如图2-41所示，通过M70、M71实现"顺向截梯"。顺向截梯是指在同向运行时，如从1层响应到4层，此时2层和3层也有呼叫，当到达2层（或3层）时，M70信号保持，此时M501（或M502）得电，M31得电，致使M17（电梯正常高速运行）断电，这样就实现了减速平层停车。

电梯的选层分指令选层和召唤选层，即因某层有召唤指令或有该层的指令使电梯在该层停车。其中，指令选层是绝对的：电梯正常运行中，指令选层（M100~M103）一定能够使电梯在该层减速停车。召唤选层是有条件的：召唤选层必须满足同向，即与电梯的运行方向一致，这就是所谓的"顺向截梯"。例如，电梯上行中，M70常开触点接通，按下2上按钮，M111常开触点闭合，电梯到达2层时，M501接通，选层标志继电器M31线圈得电，M31常闭触点断开，M17断电。如果按下的是2下按钮，虽然M121常开触点闭合，但此时与电梯运行方向不一致，M71常开触点是断开的，M31不得电，电梯就不会平层停车。

在检修状态下，选层继电器M31被断开。

6. 电梯门的控制

门电路是电梯控制系统中较为独立的单元，其作用是实现电梯门的开和关。电梯的门有两种：一种是轿门，即轿厢的门，是主动门，它由专门的门电机拖动，实现门的开/关；另一种门是层门，即各层门厅的门，是被动门，不能自行开/关，只能由轿门带动实现开/关。一般情况下，当轿厢到达某层停车后，轿门上带有门刀，会自动插入层门的门锁中，使门锁打开。此时层门在轿门的带动下实现开/关，因而电梯若没有到达该层，则其层门处于锁闭状态，不能打开，这是安全保障的要求。门电路和控制系统的联系就在于这一点。各层门和轿门的门锁电气限位开关的常开触点串联后，作为门锁继电器的信号。当全部门安全关闭，门联锁继电器动作（X06接通）后，电梯可正常运行，否则不能运行。

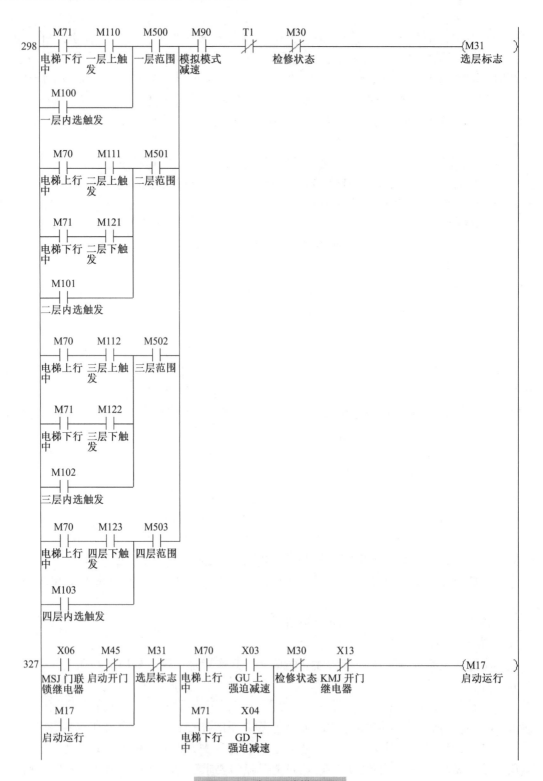

图 2-41 选层回路梯形图

THJDDT-5 模型电梯开/关门电路梯形图如图 2-42 所示。具体开/关程序解读如下：

（1）本层呼梯开门。

M37 为召唤开门继电器。步 173~194：当电梯停在某层，正好有乘客在该层呼梯，并且呼梯方向与电梯运行方向一致时，M37 线圈得电，（步 236）M37 常开触点闭合，实现自动开门。比如，轿厢在 3 层(M502 常开触点接通)，有人按 3 层上呼(X26 接通)，电梯上行中(M71 常闭触点接通)，或是有人按 3 层下呼(X30 接通)，电梯下行中(M70 常闭触点接通)，都会使平层开门标志 M37 接通，（步 236）M37 常开触点闭合，Y26 得电，门就会自动打开。

（2）自动开/关门。

在电梯正常运行过程中，电梯的自动开/关门由 M44 和 M45 来控制。

① 到达目的层自动开门。

轿厢到达乘客所要到达的楼层或到达外呼的楼层，电梯正常平层停车时，门就会自动打开。（步 206）轿厢运行时，M4 常开触点闭合，（步 208）M45 线圈得电。当到达目标层轿厢停止运行(步 206：M4 常开触点断开)时，由于 PLC 是由上向下扫描程序，则（步 205）M45 将会自锁，M45 线圈保持得电。（步 233）M45 闭合，且轿厢处于停止状态(M4 是断开的) 时，因为刚到目标层，门联锁继电器 MSJ 是闭合的，此时开门信号会被触发，Y26 得电，开门继电器 KMJ 得电，门联锁继电器 MSJ 紧接着断开，X13 常开触点闭合，Y26 保持通电。当轿厢门触碰到开门到位开关时，开门继电器 KMJ 线圈失电，停止开门。

② 开门到位后延时 4 s 自动关门。

步 195~201：电梯平层停车后自动开门，当轿厢门触碰到开门到位开关时，开门继电器断开，X13 常闭触点接通，电梯停站开门时间继电器 T6 开始计时，当到达 T6 的设置时间 4 s 后，（步 201）M44 线圈得电，（步 202）M44 常闭触点断开，（步 208）M45 线圈断电，（步 210）M45 常闭触点接通，且平层开门标志、安全触板、超载等没有信号时，关门信号被触发，Y27 得电，GMJ 得电，自动关门。当轿门碰到关门到位开关时，GMJ 失电，停止关门。

③ 关门 5 s 没关上，自动开门。

T3 为电梯关门时间，当电梯关门的时间超过 T3 设置的时间 5 s，轿门还没有合上(如轿门板卡住)时，关门超时继电器 M3 接通，实现自动开门。

④ 反复开关门。

如果有某一层厅门锁没有接通，电梯会反复地开关门。对开/关门电路进行分析可以知道，轿门、层门的关闭，在程序中是用输入继电器 X06 接通来体现的。如果电梯关门时间超过 5 s(T3 定时器的设定时间)，即 5 s 中 X06 没有接通，程序中的关门超时，自动开门继电器 M3 接通，电梯实行开门动作。而电梯开门到位时间超过 4 s(定时器 T6 的设定时间)，使 M44 接通，M45 失电，从而使电梯实行关门动作。如此周而复始，电梯轿门时开时关。

（3）关门控制程序。

① 按关门按钮关门：（步 211）按关门按钮，X15 接通，Y27 得电，关门继电器 GMJ 线圈得电，关门。

② 开门到位 4 s 后还没有人使用，则自动关门。

（4）开门控制程序：在以下几种情况下，电梯应当开门。

① 电梯正常运行到达目的层时，平层停车(步 233：M45 得电)，自动开门。Y26 得电，KMJ 线圈得电，KMJ 的常开触点闭合，X13 常开触点闭合自锁，Y26 保持得电，维持门的打开，直到开门到位时 KMJ 线圈断电，X13 常开触点断开，停止开门。

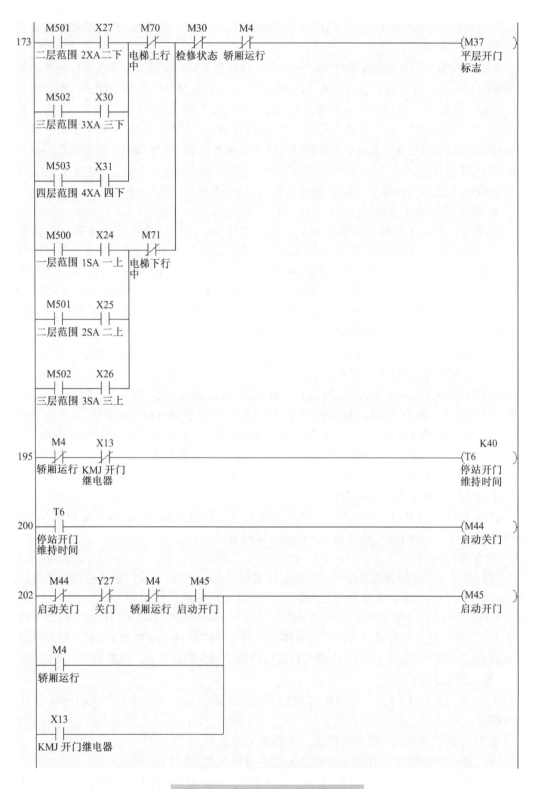

图 2-42 电梯开/关门电路梯形图

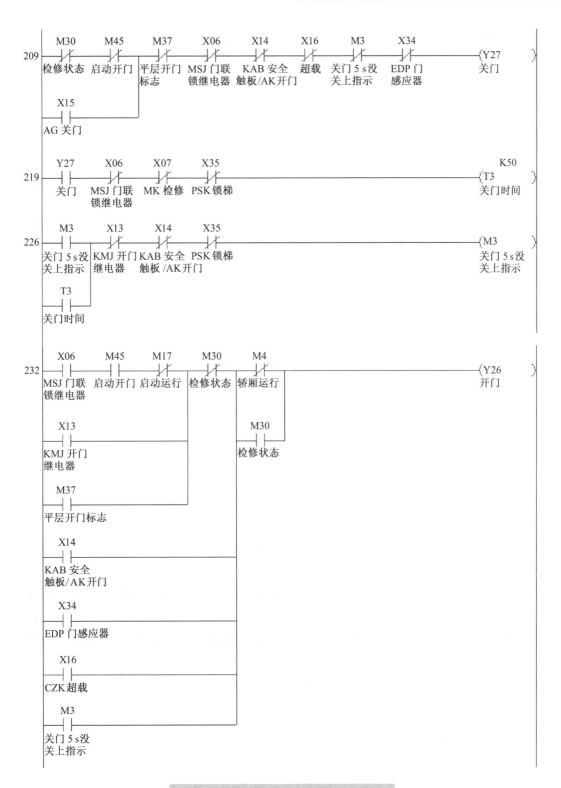

图 2-42 电梯开/关门电路梯形图(续)

② 本层呼梯开门：（步 236）M37 常开触点闭合，Y26 得电，门就会自动打开。

③ 按开门按钮（安全触板动作）开门：（步 238）按开门按钮或安全触板被压，X14 接通，Y26 得电。

④ EDP 门感应器动作时，开门。

⑤ 超载时，开门。

⑥ 关门 5 s 没关上，开门。

7. 电梯的运行线路

电梯由曳引电动机拖动，电动机主回路的工作受运行线路的控制，运行线路是电梯控制系统的核心，决定电梯何时启动加速、何时运行、何时减速、何时平层停车。因此，电梯的主要性能指标（额定速度、舒适度、平层精度等）由运行线路决定。在 THJDDT-5 模型电梯中电动机驱动采用变频调速器。通过预先设定变频器的参数，决定曳引电动机的正常运行速度、检修速度及爬行速度，形成图 2-43 所示的速度曲线。在实际应用中，通过控制变频器 RH、RL、STF、STR 端的通和断，就可以实现曳引电动机加速、运行、减速和平层停车的控制。

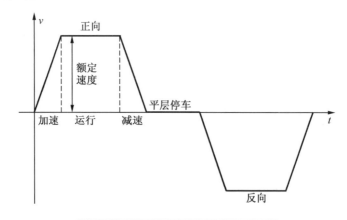

图 2-43　曳引电动机运行速度曲线

变频器具体输入端信号与曳引电动机速度的关系可参考图 2-13。

电梯运行线路梯形图如图 2-44 所示。电梯的运行方向由 Y06（STF 正转上行）和 Y07（STR 反转下行）控制，速度由 Y04 和 Y05 控制，电梯由静止开始运行时，由运行启动继电器 M17 提供启动信号，一旦运行启动继电器 M17 接通，Y06（或 Y07）线圈得电，同时触发 Y04 和 Y05，RH 信号（Y04）接通、RL 信号（Y05）接通、STF 信号（Y06）或 STR 信号（Y07）接通（由选向继电器 M70 或 M71 决定），则当遇到减速感应器 IPG 时，选层继电器 M31 动作（由减速感应器 IPG 动作得到信号，通过选层电路判断使其动作），M17 断电使 Y05 断电，RL 信号断开，此时变频器只有 RH 接通，曳引电动机迅速减速至爬行速度，电梯轿厢以 Pr. 4 参数设定的速度低速爬行，轿厢继续运行至平层区域，到门区双稳态继电器 PU 动作时，输入继电器 X33 接通，延时 0.1 s（T0 的延时时间，程序 0 步），Y04（RH 信号）断开，曳引电动机迅速减速至零，变频器运行信号 RUN 断开，X12 断开，Y06/Y07 自锁回路断开，STF 信号（Y06）或 STR 信号（Y07）断开，电梯平层停车，同时 Y00 断开，主电路接触器 QC 线圈失电，抱闸线圈 DZ 失电，对电梯进行抱闸制动，保持轿厢位置不变。

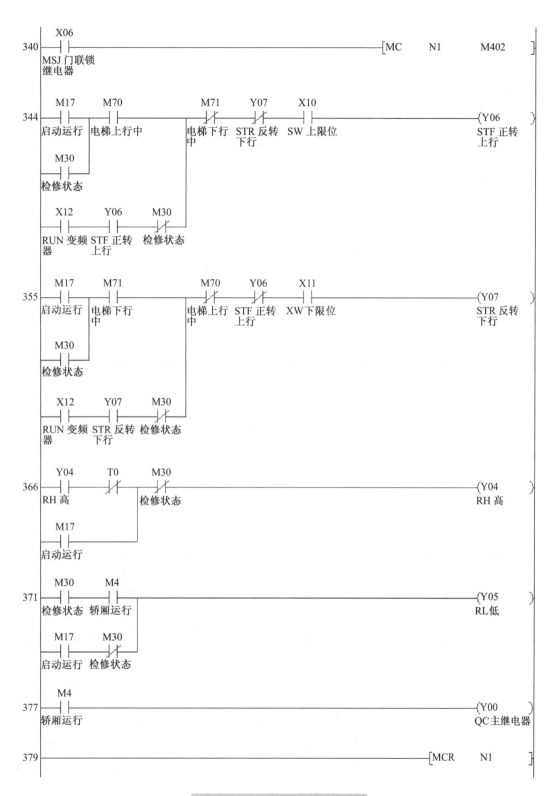

图 2-44 电梯运行线路梯形图

下面具体说一下电梯运行时的速度,图2-44所示的梯形图提供了以下三种速度:

(1) 正常运行时,检修开关M30常闭触点接通,由M17提供启动信号,Y04、Y05均接通,变频器以Pr.25参数设定的速度快车运行(步368、步373)。

(2) 遇到减速感应器(IPG)动作,选层电路(图2-41)使M31得电(步326),(步330)导致M17断电,从而使Y05信号断开,Y04自锁回路(步366)保持Y04导通,变频器以Pr.4参数设定的速度运行,曳引机迅速减速至爬行速度。

(3) 检修运行时,M30常闭触点断开,Y04断电;而M30常开触点接通,(步371)使Y05得电,变频器以Pr.6参数设定的速度运行。

二、常见故障分析与排除

电梯运行线路发生故障时的现象为电梯运行异常,包括电梯的单向运行、平层不准确、运行速度异常及电梯不能运行等。

例2-16 电梯只能下行,不能上行,能自动平层,自动开/关门,楼层显示正常。在检修状态下,电梯也只能下行而不能上行。

故障分析:在电梯的控制线路中设置了检修开关,正常运行下检修开关处于常闭状态,这时电梯的运行通过M17运行启动继电器来控制。在检修状态下,检修开关接通,PLC中的辅助继电器M30接通,这时电梯的运行通过M30来控制。在故障现象中,无论是正常运行还是检修运行,电梯都不能上行,根据PLC的运行线路梯形图(见图2-44,图中输出继电器Y06控制变频器的STF端,使曳引电动机正转拖动轿厢上行)不难判断,故障部位应为程序中的输入继电器X10的输入回路或输出继电器Y06的输出回路。

检修过程:打开控制柜门,观察输入继电器X10的指示灯,发现该灯不亮,断定X10的输入回路有故障。断电,用万用表检查X10的输入回路。经检查,发现上限位保护开关(SW)上的120线开路。将断路处接通,再接通电源,X10指示灯亮,电梯可上行,故障排除。

检修小结:如果电梯正常运行、检修运行都只能单向运行,则故障部位一定在PLC输出继电器回路或上/下限位保护电路中。在本例中,如果先按下轿内指令或厅外召唤按钮,使PLC中的上行继电器M70动作,然后按下低于轿厢所处楼层的轿内指令按钮或厅外召唤按钮,电梯也应无响应。如果电梯正常运行和检修运行都只能上行,应检查PLC输出继电器Y07的输出回路及下限位保护电路,即PLC输入继电器X11的输入回路。在模型电梯的X10输入回路、X11输入回路、Y06输出回路和Y07输出回路中各设置了一个故障点。

例2-17 电梯能上/下行,楼层显示正常,但平层不准,也不能自动开门,按下开门按钮同样无效。

故障分析:从变频器的工作原理可知,电梯运行速度曲线由变频器的RH、RL、STF和STR决定,即STF和STR端决定电梯的上行和下行,RH和RL端决定电梯以何种速度运行。例如,电梯从1楼驶向2楼(上行),在正常情况下,PLC的输出继电器Y04、Y05、Y06有输出,即变频器上的RH、RL、STF能接收到信号,变频器输出正序电源(假设上行为正序),电源频率从零迅速上升至额定值,同时输出继电器Y00接通,主电路接触器QC线圈得电,抱闸线圈DZ得电,曳引电动机松闸,迅速加速至额定值,拖动轿厢上行。当轿厢上行至 2 楼时，减速感应器 IPG 动作，输入继电器 X02 接通，一方面使楼层显示为"2"，另一方面使选层继电器 M31 导通，断开运行启动继电器 M17，使输出继电器 Y05 断电，变频器上 RL 断开，即得到减速信号后，曳引电动机转速迅速下降至爬行速度，拖动轿厢慢速向上。轿厢继续上行至平层区域，门区双稳态开关 PU 动作，PLC 输入继电器 X33 接通，1 s 后(T0 延时 1 s)，PLC 输出继电器 Y04 断电，变频器上 RH 断开，即得到平层信号后，曳引电动机转速迅速下降至零。PLC 输出继电器 Y06 断开，输出继电器 Y00 断开，主电路接触器 QC 失电，抱闸线圈 DZ 失电，曳引电动机抱闸制动。

通过以上分析可知，电梯的平层是通过门区双稳态开关 PU 实现的，或者说电梯的平层是由变频器的 RH 端何时断开决定的。所以产生平层不准的原因是门区双稳态开关 PU 移位(使 PLC 输出继电器 Y04 提前动作或滞后动作)或 PLC 输出继电器 Y04 输出回路断路。在本例中，电梯除了平层不准外，还有不能开门的故障。通过对 PLC 开门继电器 Y26 控制程序的分析可知，正常运行下电梯的开门必须在平层区域，即 T0 动作的情况下。因此不能开门的原因可能是电梯没有停在平层区域，门区双稳态开关 PU 移位基本可以排除，应着重检查 PLC 输出继电器 Y04 的输出回路。

检修过程： 仔细观察轿厢的平层位置，发现轿厢没有停在平层区域，验证了上面的分析。打开控制柜门，断电，用万用表检查 PLC 输出继电器 Y04 的输出回路。经测量，发现 Y04 的输出回路断路。将断路处接通，再接通电源，运行电梯，轿厢平层正常，既能自动开门，也能手动开门，故障排除。

检修小结： 如果在变额器参数设置时把正常运行速度和检修速度的差异设置得很大，马上可以得出是 PLC 输出继电器 Y04 的回路出现故障。因为在 Y04 的输出回路出现故障时，电梯是以检修速度运行的。

例 2-18 正常工作时，电梯只能下行，任何一次轿内指令或厅外召唤，电梯都逐层平层停车→开门→关门→下行，一直到最低层。在检修状态下，电梯可上/下行。在电梯运行中楼层指示始终显示"4"。

故障分析： 在检修状态下，电梯可上/下行，在正常状态下电梯也能下行，说明电梯的曳引电动机主电路、变频器及 PLC 的运行线路没有故障。在电梯运行中楼层始终显示"4"，根据对 PLC 楼层显示电路的分析可知，出现这种现象有两种可能：一种可能是电梯运行中减速感应器 IPG 没有动作，PLC 的输入继电器 X02 没有得到信号，使楼层继电器 M500~M503 的数据不能移动，楼层显示不能变化；另一种可能是在电梯运行中 PLC 的输入继电器 X03 一直没有动作，使楼层继电器 M503 始终处于接通状态，楼层始终显示"4"。而在本例中电梯能够平层停车，说明减速感应器 IPG 能够动作，PLC 的输入继电器 X02 得到了信号。因此，故障部位应该是在 PLC 的输入继电器 X03 的回路中。

检修过程： 打开控制柜门，将电梯驶离 4 楼，观察 PLC 输入继电器 X03 的指示灯，灯不亮，说明故障在 X03 的回路中。断电，用万用表检查输入继电器 X03 的输入电路。经测量，发现上强迫减速感应器 GU 的输入回路开路。将断路处接通，再接通电源，电梯运行正常，故障排除。

检修小结： 在本例中，由于上强迫减速感应器 GU 断线造成电梯只能下行，楼层始终显示"4"。如果下强迫减速感应器 GD 断线，就会造成电梯只能上行而不能下行，电梯楼层始终显示"1",一旦到达 4 楼,楼层显示"4"。在模型电梯中分别在上、下强迫减速感应器回路中设置了一个故障点。

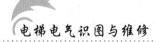 任务准备

1. 如果 PLC 外部输入端接的是常开触点,当外界开关没有动作时,在梯形图中,什么样的触点是通的?什么样的触点是断的?当外界开关动作以后呢?

2. 如果 PLC 外部输入端接的是常闭触点,当外界开关没有动作时,在梯形图中,什么样的触点是通的?什么样的触点是断的?当外界开关动作以后呢?

 任务实施

1. 识读指令回路梯形图(图 2-38)和召唤回路梯形图(图 2-39),完成以下任务。
(1)轿内指令回路和厅外召唤回路的登记和销号有什么异同点?
(2)设计 2~4 层内选回路梯形图。
(3)设计 2 上、3 上、2 下、3 下召唤回路梯形图。
2. 若电梯产生如下故障现象,试确定可能的故障部位。
(1)电梯只能上行,下行操作时听到电机换向声但是无动作。
(2)正常状态下,电梯只能上行,任何一次指令或召唤都会使电梯逐层平层停车开/关门、上行,直到最高层。检修状态下,电梯可上/下行,电梯在 1、2、3 楼楼层显示"1",在 4 楼楼层显示"4"。
(3)电梯只能上行,不能下行,X11 灯不亮。

单元 3 识读电梯一体化控制系统电气图

一、电梯一体化控制系统

目前使用的电梯大多已采用多微机网络控制系统,串行通信、智能化管理、变频调速等技术使电梯的可靠性与舒适性大大提高。电梯电气控制的核心是电梯主控制器,电梯主控制器决定电梯是否运行及如何运行,其他器件都是起执行或检测作用。以往电梯所使用的主控制器和变频调速驱动器都是独立的,控制器与驱动器之间使用端子通信,实现多段速运行,这样会导致布线复杂、故障率高、控制效率低,从而造成电梯运行的稳定性差、运行效率低。

随着现代科技的进步,"电梯一体化控制技术"逐渐发展成熟,现在已被广泛应用在电梯领域。在结构上,电梯一体化控制系统将电梯主控板和电梯驱动装置(即变频器)合理安装在一起,主控板和电梯驱动装置之间采用内部排线连接方式,降低了外部接线数量,减少了故障点,提高了系统抗干扰能力;在功能上,电梯一体化控制系统将电梯的逻辑控制与变频驱动控制两者有机结合和高度集成,将电梯专有微机控制板的功能集成到变频器控制功能中,在此基础上,将变频器驱动电梯的功能充分优化。

电梯一体化控制系统结构简图如图 3-1 所示。

主控制器、层站召唤、楼层显示等构成了电梯一体化控制系统。主控制器高度集成了电梯的逻辑控制和驱动控制功能,主控板对相关的平层、减速等井道信息和其他外部信号进行接收并处理,在底层驱动部分通过变压变频的方式,控制电动机的转速,同时主控制器的输出控制运行接触器、抱闸接触器,从而控制电梯轿厢的上下、启动、加速、匀速运行、减速、平层停车等全部动作。

一体化控制系统的主控板与驱动器之间的信息交换不再局限于几根线,可以实时进行大量的信息交换。一体化的结构通过微机芯片可自动生成 N 条曲线,可以更及时、准确地反馈电梯的运行状况,并迅速进行调整,从而使平层更加准确,乘坐更加平稳、舒适,且系统有着丰富的人机界面,调试简单方便,对电梯故障的判断更加准确,处理更加及时。

国内主流一体化控制系统有 NICE 3000、NICE 2000、NICE 1000 系列控制器,iAStar 系列控制器(如 AS380S)、BL3-U 系列控制器等。本单元以 NICE 3000^{new} 控制系统为例介绍一体化控制系统的电气图。

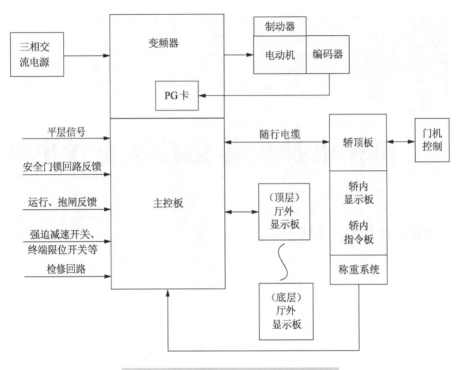

图 3-1 电梯一体化控制系统结构简图

二、电梯电气识图基础

常用的电气图包括：电气原理图、电器元件布置图、电气安装接线图。

1. 电气原理图

电气原理图能充分表达电气设备和电器的用途及工作原理，是电气线路安装、调试和维修的理论依据。电气原理图结构简单、层次分明，适用于研究和分析电路工作原理，并可为处理故障提供帮助，同时也是编制电气安装接线图的依据，因此在设计部门和生产现场得到广泛应用。

电气原理图是用图形符号、文字符号、项目代号等表示电路各个电器元件之间的关系和工作原理的一种简图。它根据生产机械的运动形式对电气控制系统的要求，按照电气设备和电器的工作顺序，采用国家统一规定的电气图形符号和文字符号，详细表示电路、设备或成套装置的全部基本组成和连接关系，而不考虑其实际位置。

电气原理图中同一电器的各部件不按它们的实际位置画在一起，而是按其在线路中所起的作用分别画在不同的电路中。虽然同一电器的各部件（如接触器的线圈和触点）是分散画在各处的，但它们的动作是相互关联的，为了说明它们在电气上的联系，也为了便于识别，同一电器的各个部件均用相同的文字符号来标注。例如，接触器的触点、吸引线圈，都用 KM 来标注；热继电器的常闭触点和热元件，都用 FR 来标注。若图中相同的电器较多，需要在电器文字符号后面加注不同的数字，以示区别，如 KM1、KM2 等。

本单元以苏州远志科技有限公司生产的电梯电气实训及考核装置的图纸为例，识读电梯一体化控制系统的电气原理图。图纸的页码在每张图纸的右下角，A 页是元器件代号说明，因为原理图是以符号来表示的，各页原理图上的元器件，都可以按照它在图纸上的代号，在这里找到它的名称及其在电梯上的安装位置。

（1）电气原理图的绘制原则。

电气原理图中的电器元件是按未通电和没有受外力作用时的状态绘制的。在不同的工作阶段，各个电器的动作不同，触点时闭时开，而在电气原理图中只能表示出一种情况。因此，规定所有电器的触点均表示在原始情况下的位置，即在没有通电或没有发生机械动作时的位置。对接触器来说，是线圈未通电、触点未动作时的位置；对按钮来说，是手指未按下按钮时触点的位置；对热继电器来说，是触点在未发生过载动作时的位置。

（2）电气原理图图面区域的划分。

图面分区时，竖边从上到下用英文字母 A、B、C、D，横边从左到右用阿拉伯数字 1、2、3、4 分别编号。分区代号用该区域的字母和数字表示，如 A3、C4 等。

（3）电气原理图符号位置的索引。

在较复杂的电气原理图中，继电器、接触器线圈的文字符号下方要标注其触点位置的索引，而在其触点的文字符号下方要标注其线圈位置的索引。符号位置的索引，使用图号、页次和图区号的组合索引法，索引代号的组成如图 3-2(a)所示。

当与某一元件相关的各符号元素出现在不同图号的图样上，而每个图号仅有一页图样时，索引代号可以省去页次；当与某一元件相关的各符号元素出现在同一图号的图样上，而该图号有几张图样时，索引代号可省去图号。依此类推，当与某一元件相关的各符号元素出现在只有一张图样的不同图区时，索引代号只用图区号表示。

比如说第 1 页图纸的 B1 区，如图 3-2(b)所示，/2.A4 ▷ U1── 代表 U1 这个信号接自图纸第 2 页的 A4 区，然后可以看到第 2 页的 A4 区，如图 3-2(c)所示，U1 ──▷/1.B1 代表将（来自 TA 的 R 端的）U1 这个信号送到第 1 页图纸的 B1 区。为了突出各电路的工作原理，在本教材正文图纸页中，都略去了各页的图框。

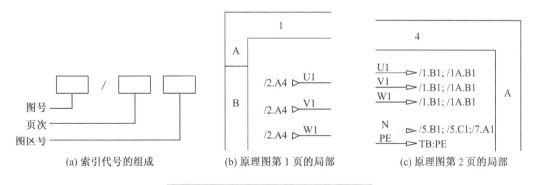

图 3-2 电气原理图符号位置的索引

2. 电器元件布置图

电器元件布置图主要是表明电气设备上所有电器元件的实际位置，为电气设备的安装及维修提供必要的资料。电器元件布置图可根据电气设备的复杂程度集中绘制或分别绘制。图中无须标注尺寸，但是各电器代号应与电气原理图和电器清单上所有的元器件代号相同，在图中往往留有 10% 以上的备用面积及导线管（槽）的位置，以供改进设计时用。

3. 电气安装接线图

电气安装接线图主要用于电气设备的安装配线、线路检查、线路维修和故障处理。它是根据电路图及电器元件位置图绘制的，在图中要表示出各电气设备、电器元件之间的实际接线情况，并标注出外部接线所需的数据。在电气安装接线图中各电器元件的文字符号、元件连接顺序、线路号码编制都必须与电气原理图一致。

电气原理图是电气控制系统的核心，在本单元中首先认识电梯一体化控制系统电气原理图。典型的电梯一体化控制系统基本电路有电源控制回路、电梯驱动回路、主控制回路、安全与门锁回路、抱闸控制回路、检修回路、门机回路、轿顶接线回路、呼梯与楼层显示电路等，下面分成九个任务一一介绍。在本单元的最后，介绍电梯电气安装接线图。

任务 3.1　识读电源控制回路

任务描述

识读电梯一体化控制系统电源控制回路，明确电路所用电气元件名称及其所起的作用，掌握电源控制回路的工作原理，能排除电源控制回路简单故障。

相关知识

一、认识电源电路元器件

1. 接线端子（TA、TB）

控制柜内的电气元件与柜外的电气设备之间的连接必须经过端子排。

接线端子排如图 3-3 所示，它适用于 50 Hz、额定电压为 660 V、额定电流为 115 A 的电路，可作导线间的连接之用，也可借助于固定件直接安装使用。

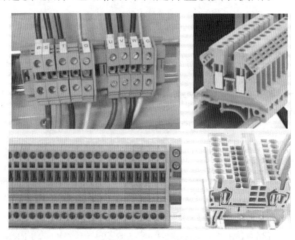

图 3-3　接线端子排

2. 断路器（CP1～CP6）

低压断路器又称自动开关（或自动空气开关），它既是控制电器，同时又具有保护电器的功能。在正常情况下可用来接通和分断负载电路，也可用作不频繁地接通和断开电路或控制电动机；当电路中发生短路、过载、失压等故障时，脱扣器能自动切断电路，有效地保护串接在电路上的电器设备，所以它相当于刀开关、熔断器、热继电器和欠压继电器的组合，是一种既有手动开关作用，又能自动进行欠压、失压、过载和短路保护的电器。

电梯控制电源回路是用小型断路器控制的，其外形和图形符号如图3-4所示，它是使用范围和数量都极大的一种断路器产品，按产品极数分为单极、二极、三极与四极四种。它的结构包括触头系统、灭弧系统、保护机构、传动机构等部分。小型断路器由于灭弧能力强，能断开短路电流。

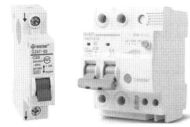
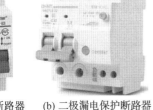

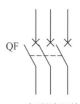

(a) 单极断路器　(b) 二极漏电保护断路器　(c) 三极断路器　(d) 单极断路器符号　(e) 三极断路器符号

图3-4　小型断路器外形及图形符号

与熔断器和刀开关相比，断路器具有以下优点：结构紧凑、安装方便、操作安全，而且在进行短路保护时，由于用电磁脱扣器将电源同时切断，避免了电动机缺相运行的可能。另外，断路器的脱扣器可以重复使用，不必更换。

电梯的轿厢照明常用图3-4(b)所示的漏电保护断路器（LIPS）控制。漏电保护断路器是为了防止低压网络中发生人身触电和漏电火灾、爆炸事故而研制的一种电器。当人身触电或设备漏电时，漏电保护断路器能够迅速切断故障电路，从而避免人身和设备受到危害。

漏电保护断路器的工作原理：主电路的三相导线一起穿过零序电流互感器的环形铁芯，零序电流互感器二次侧和漏电脱扣器的线圈相连接，漏电脱扣器的衔铁被永久磁铁的磁力吸住，拉紧释放弹簧。电网正常运行时，各相电流向量和为零，零序电流互感器二次侧无输出。当出现漏电或人身触电时，漏电或触电电流通过大地回到变压器的中性点，因而三相电流的向量和不等于零，零序电流互感器的二次侧就产生感应电流，当这个感应电流达到一定值时，漏电脱扣器释放弹簧的反力就会使衔铁释放，主触点断开主电路。采用这种释放式电磁脱扣器，可以提高灵敏度，动作快，且体积小。从零序电流互感器检测到漏电信号到切断故障电路的全部动作时间一般在0.1 s以内，所以它能有效地起到触电保护作用。为了经常检查漏电保护断路器的动作性能，漏电保护断路器设有试验按钮 SB，在漏电保护断路器闭合后，按下试验按钮模拟漏电或触电状态，若断路器断开，则证明漏电保护断路器正常。

电梯的主电源开关（OCB）是塑壳式断路器，外形如图3-5(a)所示，其主要作用是为低压配电系统和电动机保护回路中的过载、短路提供保护功能,其可靠性和稳定性使之成为工业上应用十分广泛的产品。电梯主电源电路如图 3-5(b)所示。一次侧供电电源 L1、L2、L3,经主电源开关 OCB,由机房电源箱送出 380 V 三相交流电,经机房电缆送到控制柜电源进线端子排 TA 的 R、S、T 端。

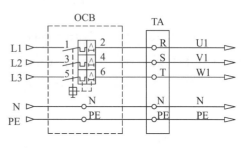

(a) 塑壳式断路器　　　　　　　　　(b) 主电源电路

图 3-5　主电源开关及相关电路

3. 变压器(TRF1)

电梯里用到多种规格的控制电源,电梯控制柜内的变压器外形一般如图 3-6 所示,它其实是一个组合器件,由三种器件组合在一起:一是最底部的变压器本体,它适用于交流电路,可用来变换交流电压、电流的大小;二是整流滤波设备,安装在变压器顶部的支架上,将交流电变换成比较平滑的直流电,以作为电梯制动器的电源;三是熔断器,作各相关控制回路短路保护用。

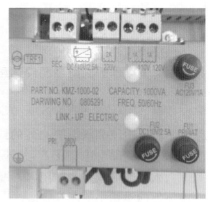

图 3-6　控制变压器

二、电源控制回路的工作原理

电梯电气系统电源电路部分为整个电梯系统供电,要保证电梯正常运行,首先应确保电气系统各部分电路的电源正常。电梯控制系统中各元件的供电电压和功率都不同,所以控制系统应配备相应的电源控制回路。机房电气控制柜电源控制回路如图 3-7 所示。

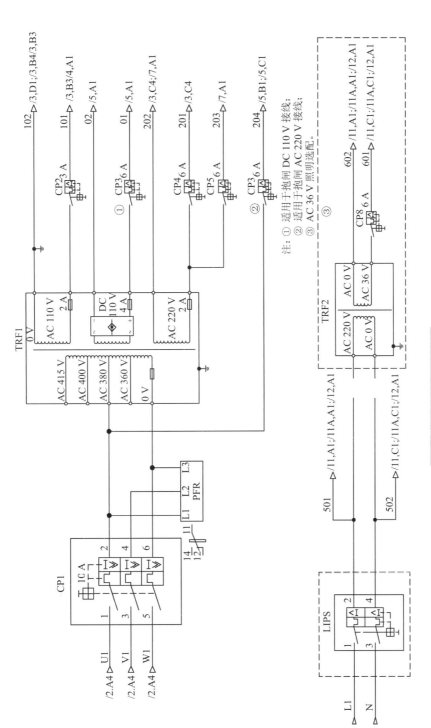

图 3-7 电源控制回路

其中包括多种不同等级及规格的电压，具体分析如下。

由机房电源箱送来的 380 V 三相交流电，从端子排 R、S、T 接进控制柜以后，线号为 U1、V1、W1，经断路器 CP1 控制，一路送相序继电器（第 2 相 V1 直接送相序继电器），一路送主变压器 TRF1 的 380 V 输入端。经主变压器隔离、降压后，变压器二次侧输出以下各种规格的控制电源：

（1） AC 110 V：经熔断器 FU1（2 A），输出 110 V 交流电，经断路器 CP2 至 101、102 线，其中 102 线接地，供安全回路、门锁回路和交流接触器线圈使用。

（2） DC 110 V：AC 110 V 通过整流桥整流后输出 DC 110 V 直流电，经熔断器 FU2（4 A），再经断路器 CP3，供直流抱闸回路和直流接触器线圈使用。

（3） AC 220 V：经熔断器 FU3（2 A），输出 220 V 交流电，一方面经断路器 CP4 至 201、202 线，给开关电源 TPB 提供输入电源（图 3-8）；另一方面经断路器 CP5 至 203、202 线，为门机和光幕提供电源。

（4） DC 24 V：开关电源 TPB 输出 24 V 直流电，经断路器 CP7，为微机主控制板 MCB、光电传感器、轿顶板 CTB、内外召唤按钮指示灯、层显板 HCB 和通信等提供电源。

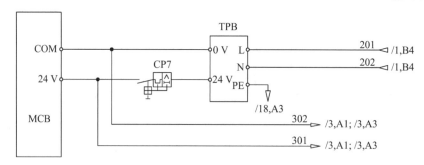

图 3-8 开关电源控制回路

轿厢照明电源的线号是 L1、N，它接自电梯电源箱一次侧总进线电源，因此不受电梯主电源开关 OCB 的控制，而是用漏电保护开关 LIPS 控制，输出为 501、502 线，为轿厢照明供电。如果轿顶、底坑采用 36 V 照明，则选配 TRF2 变压器，输出 36 V 交流电，经断路器 CP8，给照明回路供电。

三、常见故障分析与排除

电梯不能启动，电梯控制电源电路故障的原因分析及处理方法见表 3-1。

表 3-1 电梯控制电源电路故障的原因分析及处理方法

原因分析	处理方法
断路器故障	（1） 检查总电源开关 OCB 是否正常，确认外部电源是否稳定，输入侧三相电源是否平衡，电源电压是否正常，调整输入电源； （2） 检查 CP1 的输入/输出，有输入电压，无输出电压，表示断路器故障； （3） 检查 CP2、CP3、CP4、CP5 的输入/输出，是否发生故障的判断同上

续表

原因分析	处理方法
相序继电器故障	（1）检查相序继电器输入端 L1、L2、L3 之间的电压； （2）检查相序继电器的指示（电源灯/出错指示）； （3）检查相序继电器的输出触点是否动作
变压器故障	（1）检查变压器输入端电压； （2）检查变压器各输出端电压； （3）检查变压器上的各熔断器是否正常
整流桥故障	用万用表电压法： （1）检查 DC 110 V 是否有输出，如果 AC 110 V 有，而 DC 110 V 没有，说明整流桥故障； （2）检查整流桥输出回路上的熔断器
开关电源故障	（1）检查变压器 220 V 输出端电压； （2）检查开关电源输入端电压； （3）检查开关电源输出端电压

知识拓展

为提高电梯运行的可靠性，避免由于外界电网停电而导致电梯关人的现象，并因此造成乘客身体和心理的伤害，特研发电梯停电自动救援装置，简称 ARD（Auto Rescue Device for Lift）。MCTC-ARD-B-4011 电梯停电应急供电装置是针对电梯停电停止运行时，通过给电梯供逆变电源实现自动救援的一种安全装置。市电正常时设备处于检测待命状态，当市电停电或缺相时，设备延时启动，通过事先调好的变频器频率，以爬行的速度牵引轿厢至平层位置，打开轿门和厅门，确保乘客安全离开轿厢。

UPS（Uninterruptible Power Supply），是指当正常交流供电中断时，将蓄电池输出的直流电变换成交流电持续供电的电源设备。UPS 就是为了解决不间断供电而设置的，它具有三大基本功能：稳压、滤波和不间断。在市电供电时，它有稳压器和滤波器的作用，以消除或削弱市电的干扰，保证设备正常工作；在市电中断时，又可以把它的直流供电部分（电池组、柴油发电机等）提供的直流电转化为完美的交流电供负载使用，其中由市电供电转电池供电一般为零延时切换，这样就使负载设备在感觉不到任何变化的同时保持运行，保证了设备的不间断运行。

停电应急救援电源控制回路如图 3-9 所示。

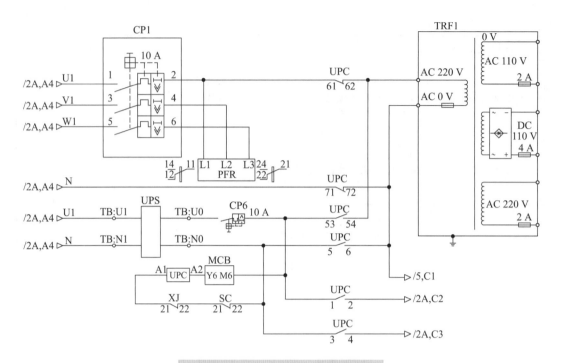

图 3-9 停电应急救援电源控制回路

UPC 是备用电源切换接触器,在外部电源正常时,UPC 常闭触点(61-62、71-72)接通,外部电源通过断路器 CP1 给变压器 TRF1 输入侧供电。当外部电源停电时,紧急备用电源 UPS 将输出 220 V 的交流电,这时主板 MCB 的 Y6 有输出(Y6-M6 接通),经 XJ(21-22)、SC(21-22)两个常闭触点,使 UPC 线圈得电,UPC 的各常闭触点断开,各个常开触点闭合。UPS 通过 CP6,一方面经 UPC(5-6)、UPC(53-54)给变压器 TRF1 输入侧供电,另一方面经 UPC(1-2)、UPC(3-4)给变频器驱动回路供电,这样变压器、变频器有电源供给了,就可以以设定的慢速救援,就近平层停车。图 3-9 中的 SC 是安全接触器,SC(21-22)常闭触点与 UPC 是互锁的关系,安全回路正常接通时 SC 线圈得电,SC(21-22)常闭触点断开,UPC 线圈不得电。XJ(21-22)是相序继电器的常闭触点,当外部电源正常时,XJ(21-22)断开,UPC 线圈不得电。当外部停电时,安全回路断电,SC 线圈失电,SC(21-22)闭合,相序继电器 XJ(21-22)也闭合,UPC 线圈得电。

任务准备

1. 电梯系统中都需要哪些电源?
2. 电梯电源电路中的电源有几种形式和等级,分别为哪些设备提供电源?

任务实施

识读电源控制回路[图 3-5(b)、图 3-7、图 3-8],并完成以下任务。
1. 明确电路所用电气元件名称及其作用,填入表 3-2 中。

表 3-2 电源电路电气元件符号、名称及作用

序号	符号	名称	作用
1	CP1		
2	CP2		
3	CP3		
4	CP4		
5	CP5		
6	PFR		
7	TRF1		

2. 小组讨论电源电路的工作原理。
3. 单选题。
(1) R、S、T 之间的电压是(　　)。
A. AC 380 V　　　B. AC 110 V　　　C. AC 36 V　　　D. AC 80 V
(2) T 和 N 之间的电压是(　　)。
A. AC 380 V　　　B. AC 220 V　　　C. AC 110 V　　　D. AC 80 V
(3) 变压器铭牌上标注的电压等级不包含(　　)。
A. AC 380 V　　　B. AC 110 V　　　C. AC 220 V　　　D. AC 80 V
(4) 电源电路生成的电压不包含(　　)。
A. AC 380 V　　　B. AC 220 V　　　C. AC 110 V　　　D. DC 110 V
(5) 整流器输出的 DC 110 V 电压是由(　　)电压产生的。
A. AC 220 V　　　B. AC 110 V　　　C. AC 36 V　　　D. AC 80 V
(6) 01 和 02 之间的电压是(　　)。
A. AC 220 V　　　B. AC 110 V　　　C. DC 110 V　　　D. AC 380 V
(7) 101 和 102 之间的电压是(　　)。
A. AC 220 V　　　B. AC 110 V　　　C. DC 110 V　　　D. AC 380 V
(8) 201 和 202 之间的电压是(　　)。
A. AC 220 V　　　B. AC 110 V　　　C. DC 110 V　　　D. AC 380 V
(9) 301 和 302 之间的电压是(　　)。
A. AC 220 V　　　B. AC 110 V　　　C. DC 110 V　　　D. DC 24 V
(10) 301 和 302 之间,(　　)是正极,(　　)是负极。
A. 301　　　　　B. 302
4. 如果电路发生如表 3-3 所示的故障,在表 3-3 中写出将会出现的故障现象。

表 3-3　电源回路故障设置

序号	故障设置	故障现象
1	电源配电箱未送电	
2	电源配电箱总电源开关断路/接线松动	
3	控制柜电源进线断路/接线松动	
4	断路器 CP1 断路/接线松动	
5	电源变压器输入侧断路/接线松动	
6	电源变压器故障	
7	相序继电器电源侧断路/松动	
8	相序继电器故障	
9	整流桥故障	
10	熔断器烧断/松动	
11	开关电源输入侧断路/松动	
12	开关电源输出侧断路/松动	
13	断路器 CP2 断路/松动	

任务 3.2　识读电梯驱动回路

任务描述

识读电梯一体化控制系统变频器驱动主回路，明确电路所用电气元件名称及其所起的作用，掌握变频器主回路的工作原理，能排除变频器主回路简单故障。

相关知识

一、驱动回路

电梯驱动回路是电梯拖动系统的工作电路，其主要功能是为电梯提供动力，对电梯运动操纵过程进行控制。电梯的运行是由拖动系统完成的，轿厢的上下、启动、加速、匀速运行、减速、平层停车等动作，完全由曳引电动机拖动系统完成。电梯的电力拖动系统应具有如下功能：有足够的驱动力和制动力，能够驱动轿厢、轿门及厅门完成必要的运动和可靠的静止。拖动系统是电气部分的核心，电梯运行的速度、舒适性、平层精度由拖动系统决定。

1. 主回路

任何电梯的主回路基本构成都大致相同，即从三相供电电源 L1、L2、L3，经断路器（主电源开关）、上（下）行接触器、电动机调速器（变频器或一体化控制器）、运行接触器、电动机三相绕组端子到三相绕组，构成电梯电力拖动主回路。

(1) 供电系统。

电梯供电采用三相五线制供电系统（即 TN-S 系统），如图 3-10 所示。其中 L1、L2、L3 为三相电源相线，N 为中性线，PE 为保护接地线。在整个系统中，中性线和保护接地线应始终分开（俗称零、地分开），不得混用。电梯电气设备如电动机、控制柜、接线盒、布线管、布线槽等外露的金属外壳部分，均应进行接地保

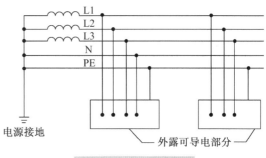

图 3-10 TN-S 系统

护。正常工作时，保护线上没有电流，因此设备的外壳可导电部分没有对地电压，比较安全。机房接地引线的接地电阻值均应小于 4 Ω。保护接地线应采用导线截面积不小于 4 mm^2 的有绝缘层的铜线。线槽或金属管应相互连成一体并接地，连接可采用金属焊接，在跨接管路线槽时可用直径为 4~6 mm 的铁丝或钢筋棍，用金属焊接方式焊牢。

(2) 主电源开关（OCB）。

OCB 是电梯的主电源开关，是塑壳式断路器，外形如图 3-5(a) 所示。该开关安装在机房电源箱内，机房电源箱如图 3-11 所示。

(a) 电源箱外形

(b) 电源箱内部

图 3-11 机房电源箱实物图

① 在机房中，每台电梯都应单独装设一只能切断该电梯所有供电电路（下列供电电路除外）的主开关。该开关应具有切断电梯正常使用情况下最大电流的能力。OCB 的输出接至电梯控制柜的三相电源进线端子 TA 上的 R、S、T 端。

② 该开关不应切断下列供电电路：

a. 轿厢照明或通风（如有的话）。

b. 轿顶电源插座。

c. 机房和滑轮间照明。

d. 机房内电源插座。

e. 电梯井道照明。

f. 报警装置。

③ 该开关应具有稳定的断开和闭合位置，应能从机房入口处方便、迅速地接近主开

关的操作机构。

④ 如果机房为几台电梯所共用，各台电梯主开关的操作机构应易于识别。

(3) 电动机调速装置(INV)。

电梯负载是位能性负载，即恒转矩负载，因此要求异步电动机在调速过程中的最大转矩不变。维持电机磁通的恒定就能满足最大转矩不变的要求。交流变压变频调速电梯也称为VVVF调速电梯，简称VVVF电梯，在调节定子频率的同时，调节定子中电压，以保持磁通恒定，是一种新式拖动控制方法。与交流双速电梯、调压调速电梯相比较，无论在结构上还是在控制技术上，VVVF电梯都处于领先地位，其性能优越、安全可靠。

电梯一体化控制系统通常采用微电脑控制、逆变器驱动，以及速度、电流等反馈装置。电梯一体化控制系统的构成如图3-12所示，它主要由主控板(MCB)和变压变频驱动装置两大部分组成。

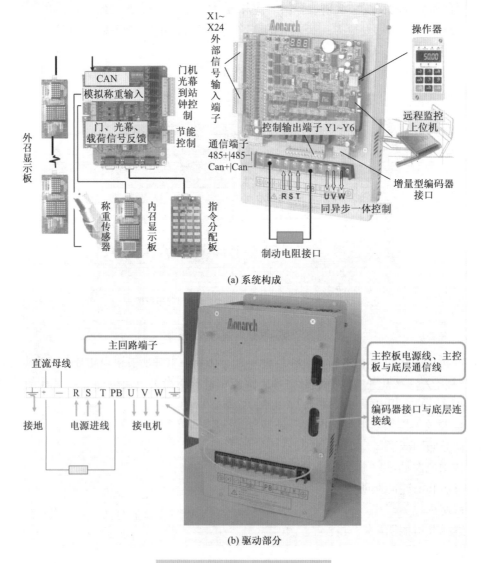

图3-12 电梯一体化控制系统

主回路接线示意图如图 3-13 所示。交流三相电源接输入端子 R、S、T，输出端子 U、V、W 连接三相电动机，两组端子不可接错，否则会损坏一体化控制器。

需要注意下面几点：

① 绝对禁止输出侧电路短路或接地。

② 控制器的输出线 U、V、W 应穿入接地金属管并与控制回路信号线分开布置或垂直走线。

③ 避免电机至控制器引线过长，当引线过长时，由于分布电容的影响，易使回路的高频电流产生谐振，而使电机绝缘性破坏或产生较大漏电流，使控制器过流保护。

④ 主回路的接地端子必须良好接地，接地线要求粗而短，建议使用专用黄绿双色 4 mm² 以上的多股铜芯接地线，并且保证接地电阻不大于 4 Ω。接地极应专用，不可将接地极和电源零线共用。

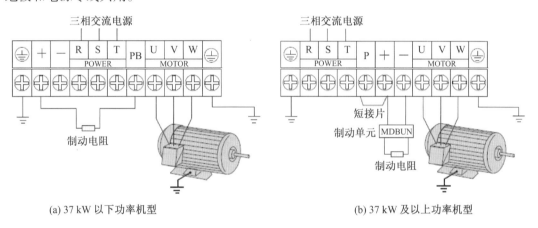

(a) 37 kW 以下功率机型　　　　　　(b) 37 kW 及以上功率机型

图 3-13　主回路接线示意图

主回路端子说明如表 3-4 所示。

表 3-4　主回路端子说明

端子号	名　称	说　明
R、S、T	三相电源输入端子	交流三相电源输入端子
+、-	直流母线正负端子	37 kW 及 37 kW 以上功率控制器外置制动单元连接端子及能量回馈单元连接端子
+、PB(P)	制动电阻连接端子	◆ 37 kW 以下功率控制器制动电阻连接端子； ◆ 37 kW 及以上功率控制器直流电抗器连接端子 （控制器出厂时，+、PB 端子自带短接片，若不外接直流电抗器，请勿拆除短接片）
U、V、W	控制器输出驱动端子	连接三相电动机
⏚	接地端子	接地端子

(4) 制动电阻(DBR)。

由于电梯属于位能性负载,电机经常处于制动状态,所以系统还要配备制动电阻 DBR,将电梯制动时产生的能量通过制动电阻消耗掉。制动电阻如图 3-14 和图 3-15 所示。

NICE 3000^{new} 系列电梯一体化控制器 37 kW 以下功率的机型已经内置制动单元,用户只需外接制动电阻即可(制动电阻连接"PB"与"+"端子);37 kW(含 37 kW)以上功率的机型,需外置制动单元和制动电阻。

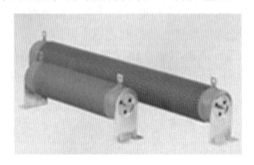

图 3-14 波纹电阻

图 3-15 铝壳电阻

制动电阻的选型必须参考制动电阻选型表(表 3-5)。

表 3-5 制动电阻选型表

电压等级	功率等级	制动电阻等级	制动电阻阻值	制动单元
三相 380 V	2.2 kW	600 W	230 Ω	标准内置
	3.7 kW	1 100 W	135 Ω	
	5.5 kW	1 600 W	90 Ω	
	7.5 kW	2 500 W	65 Ω	
	11 kW	3 500 W	43 Ω	
	15 kW	4 500 W	35 Ω	
	18.5 kW	5 500 W	25 Ω	
	22 kW	6 500 W	22 Ω	
	30 kW	9 000 W	16 Ω	

(5) 运行接触器(SW)。

接触器是电力拖动与自动控制系统中一种非常重要的低压电器,它是控制电器,利用电磁吸力和弹簧反力的配合作用,实现触点的闭合与断开,是一种电磁式的自动切换电器。

接触器是用来直接接通或切断电动机或其他负载工作回路(又称主回路)的一种控制电器,是继电接触控制电路中的执行元件。接触器可以实现远距离自动操作、频繁接通和分断电动机或其他负载主电路,不仅具有欠压和失压保护功能,而且具有控制容量大、工作可靠、操作频率高、使用寿命长等特点,所以应用非常广泛。

在电梯中,正是由接触器频繁地控制着曳引电动机的启动、运转、反向和停止。接触器的基本参数有主触点的额定电流、触点数、主触点允许切断电流、线圈电压、操作频率、动作时间、电寿命和机械寿命等。

① 接触器的结构。

接触器主要由电磁机构、触点(又称触头)系统、灭弧装置等部分组成,图3-16为交流接触器结构示意图。电磁机构由线圈、铁芯和衔铁组成,触点系统由主触点和辅助触点组成,主触点用于接通和断开主电路或大电流电路。

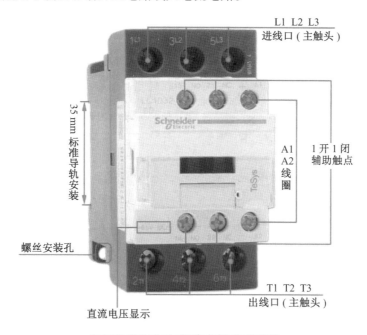

图3-16 交流接触器结构示意图

② 接触器的符号。

接触器外形及表示符号如图3-17所示。

③ 工作原理。

当控制电路接通接触器的工作线圈时,套在铁芯或磁轭上的电磁线圈即通入电流,并产生磁场吸引活动的铁芯(又称衔铁),直接或通过杠杆传动使动触点与静触点接触,主电路即接通。在线圈失电后,靠释放弹簧的反力使动触点恢复原位,从而切断主电路。

SW为运行接触器,1-2、3-4、5-6为其三对主触点,当接触器SW的线圈得电时,它的主触点闭合,电动机得电运转。

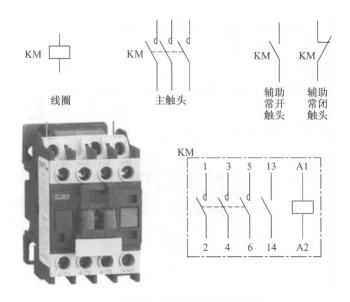

图 3-17　接触器外形及表示符号

(6) 曳引电动机(M)。

电梯曳引电动机是将电能转换成机械能的电气设备,它是驱动电梯上下运行的动力源,轿厢的运动由曳引电动机产生动力,经曳引传动系统进行减速、改变运动形式(将旋转运动改变为直线运动)来实现驱动,其功率在几千瓦到几十千瓦,是电梯的主驱动。为防止轿厢停止时由于重力作用而溜车,还必须装设制动器(俗称抱闸)。

由于电梯的运行过程复杂,有频繁的启动、制动、正转、反转,而且负载变化大,经常工作在重复短时状态,因此再生制动状态下必须使用专用的电动机。电梯曳引电动机如图 3-18 所示。

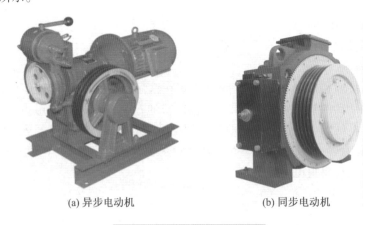

(a) 异步电动机　　　　(b) 同步电动机

图 3-18　电梯曳引电动机

于二十世纪七八十年代出现的变压变频(VVVF)交流异步电动机拖动方式,由于其优异的性能和逐步降低的价格而备受青睐,被用于大部分新装电梯。永磁同步电动机拖动方式近几年开始在快速、高速无齿轮电梯中应用,是较有发展前景的电梯拖动方式。

（7）封星接触器（SW2）。

封星接触器是永磁同步曳引电动机专用的一种接触器。永磁同步电动机具有短路发电机特性，很多电梯厂家利用这一特性，使其常闭辅助触点在曳引电动机断电时短路永磁同步电动机三相绕组（俗称封星），起到在电梯超速或紧急手动松闸溜车救援时的制动作用，使电梯轿厢在同步转速下移动。当电梯采用永磁同步曳引电动机时，使用封星接触器可以代替上行超速保护装置，原理是此接触器在释放状态会短接电机的三根输入引线，当轿厢空载或轻载，输出接触器处于释放状态时，松开抱闸，这时电梯对重较重，以自由落体状态向下坠落，拖动轿厢向上，带动曳引电动机旋转，永磁同步曳引电动机在受外力作用旋转时相当于发电机，当发电机输出短路时转子阻力很大，封星接触器就是基于这一原理作为上行超速保护装置应用于电梯的。

2. 位置与速度反馈信号

（1）旋转编码器（PG）。

现在生产的电梯大多采用旋转编码器（图3-19）来确定轿厢位置，获取电梯运行速度信息。在实际安装时，旋转编码器与电动机转子同轴安装，当电动机主轴旋转时，光电码盘以与电动机相同的转速旋转，经由发光二极管等电子元件组成的检测装置检测输出为若干个脉冲。很显然，通过计算每秒内光电编码器输出脉冲的个数就能反映当前电动机的转速，也即电梯的运行速度，所以光电编码器的输出信号经放大后，直接输入控制微机，作为速度反馈信号，与给定的速度指令相比较，构成一个闭环调速系统，实现对电梯运行速度的控制。光电编码器由于具有精度高、机械寿命长、无误动作现象等优点而广泛用于VVVF电梯中。由于VVVF电梯采用了光电编码器，其输出直接经控制微机计算后，可作为电梯的运行位置信号，也就是通过计算电梯运行过程中光电编码器所输出的脉冲数，可得出电梯轿厢在井道导轨上位置发生变化的多少，精度比较高，可达3 mm，所以不必使用传统的机械式选层器或装于井道的永磁继电器。光电编码器的使用提高了电梯运行的可靠性，为解决电梯运行减速点受限制等困难提供了良好的途径。

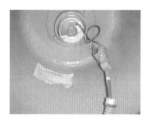  

(a) 编码器安装在电动机轴上　　(b) 增量型编码器　　(c) 海德堡1387型编码器

图3-19　旋转编码器

电梯上常用的旋转编码器有两种：

① 增量型编码器：一般用于有齿轮异步机。

② 正余弦编码器：一般用于无齿轮同步机。

一般根据电梯的速度、曳引电动机型式、变频器型号来选用不同类型和型号的旋转编码器。编码器与电梯输出轴的连接有弹性轴连接和套轴连接等形式，现一般多选用套轴式编码器，需要了解的参数有轴径大小、每转输出脉冲数、电源电压、信号输出方式、电缆长度等。对于异步电机,光电编码器输出一般为 1 024 脉冲/转;对于永磁同步电机,光电编码器输出一般为 2 048 脉冲/转。

(2) PG 卡。

编码器将输出的脉冲信号送到与一体化控制系统连接的 MCTC-PG 卡,即可组成速度闭环矢量系统。MCTC-PG 卡通过 J1 端子与 NICE 3000^{new} 系列一体化控制器的主控板 J12 端子连接,通过 CN1 端子与电梯曳引电动机的编码器连接。同步机可以适配 PG-D 和 PG-E 型 PG 卡,异步机适配 PG-A2 型 PG 卡。MCTC-PG 卡实物外形与接线示意图如图 3-20 所示。不同的 MCTC-PG 卡与主控板的连接方法相同,与电机编码器的连接方法则根据 PG 卡的 CN1 端子接口方法而有所区别。

MCTC-PG 卡的 J1 端子直接插入 NICE 3000^{new} 一体化控制器主控板上的 J12 端子上。MCTC-PG-E 与 NICE 3000^{new} 的电气接线示意图如图 3-21 所示。

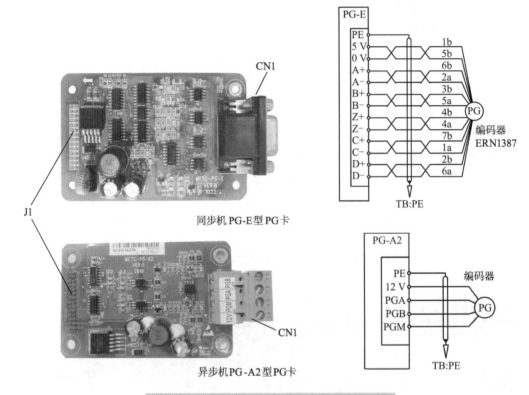

图 3-20　MCTC-PG 卡实物外形与接线示意图

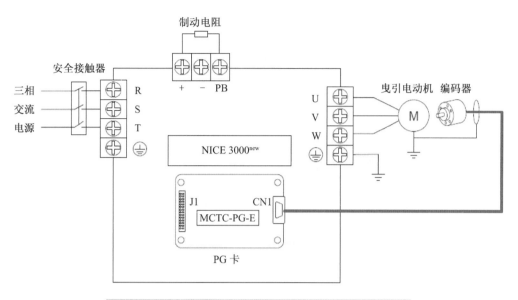

图 3-21　MCTC-PG-E 与 NICE 3000^{new} 的电气接线示意图

二、工作原理

如图 3-22 所示，主驱动回路输入 380 V、50 Hz 三相交流电压，经主电源开关 OCB 接到控制柜大端子排 TA，再接到一体机 INV 输入端 R、S、T；一体机 INV 输出端 U、V、W 经运行接触器 SW 的触点接到电动机接线端。运行接触器 SW 用于控制一体机的输出电压和电动机之间的通断，INV 输出的三相交流电是可以调节电压和频率的，可根据乘坐舒适度和平层精度等的需要来调整电动机速度的大小。编码器 PG 是位置和速度检测装置，它采集电梯的实际运行位置和速度信号，由 PG 卡接收和处理，再经一体化控制器与它内部预先设置的速度曲线相比较，从 INV 的 U、V、W 端输出符合预设的、大小合适的电压，送到电动机，从而实现电动机速度的闭环控制。

三、常见故障分析与排除

1. 元器件或线路故障

主回路故障是电梯的常见故障和重要故障。因为主驱动回路是非连续性的经常动作，若长时间运行，则接触器触点氧化，触点压力弹簧疲劳，触点接触不良、脱落，逆变器模块及晶闸管过热击穿，电动机绕组熔断或短路等故障就会出现。

此外，任何元器件的动作部件都有一定寿命，如接触器、继电器、微动开关、主令开关、行程开关等元件，以及随行电缆、开关门机等部件，经常做弯曲、旋转等动作，存在着断线、失灵等故障的可能。

2. 供电电源故障

常见原因主要是输入电源电压过高或过低、相间不平衡、功率不够、没有保护接地或者保护接地不当等。

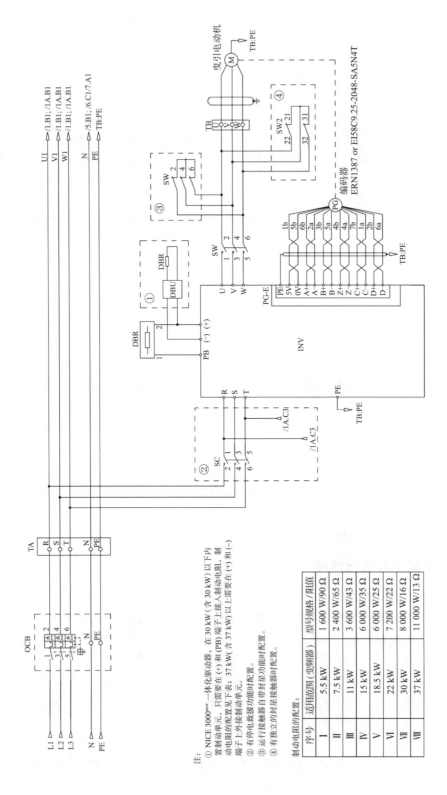

图 3-22 电梯驱动回路（同步）

输入电压过高或过低会导致控制及驱动系统电压过高或过低，极端情况下会导致控制系统无法工作或烧毁器件。

相间不平衡包括缺相、三相电压中某一相与另外两相之间的电压差超过一定的范围。正常情况下电梯控制系统会配置相序继电器，可以通过相序继电器判断相间不平衡的故障。

功率不够的情况相对较少，可能的情况是供电主回路中某一空气开关的功率不够，导致电梯一旦运行就断电，或者当电梯运行在高负荷状态时，供电主回路就断电。

没有保护接地或者保护接地不当的情况相对较多。保护接地就是把电气设备的金属外壳、框架等用接地装置与大地可靠连接，这一做法广泛适用于三相五线制供电系统。当电气设备的绝缘电阻损坏造成设备的外壳带电时，接地可以有效地防止人体碰触外壳而发生触电伤亡事故。采用保护接地时，接地电阻不得大于 4 Ω。接地线可以用黄绿双色铜线，其截面积应不小于 4 mm^2。机房内的接地线必须穿管铺设，与电气设备的连接必须采用线接头。井道内的电气部件、接线箱、接线盒与线槽或者电线管之间也可以采用 4 mm^2 的黄绿双色铜线。轿厢的接地线可以由软电缆的结构形式决定，采用钢芯支持绳的电缆可以利用钢芯支持绳作接地线，采用尼龙芯的电缆则可以把若干根电缆芯合股作为接地线，但其截面积应不小于 4 mm^2。每台电梯的各部分接地设施应连成一体，并可靠接地。

3. 编码器故障

如果电梯死机，无法启动，有可能是编码器故障引起的，常见的编码器故障如下：

（1）编码器损坏。

（2）编码器接线松动。

（3）编码器受干扰。

编码器的工作电压一般为 DC 5 V、DC 12 V，编码器较为精密，所以必须要远离主机动力线和抱闸电源线，一般都单独用金属软管敷设。

任务准备

1. 电梯配电中零线、接地线各是什么？有什么规定？电梯电路系统采用什么配电系统？

2. GB 7588 对机房电源箱主开关有何要求？主开关不应切断哪些设备的电源？

3. 永磁同步电动机有什么特点？

4. 电梯拖动系统的主要组成有哪些？

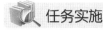

任务实施

1. 识读图 3-22 所示的变频器主回路，完成以下任务。

（1）明确电路所用电气元件的名称及作用，填入表 3-6 中。

表3-6 电气元件名称、符号、作用、安装位置及数量

序号	名称	符号	作用	安装位置	数量
1					
2					
3					
4					
5					
6					
7					

（2）小组讨论变频器主回路的工作原理。

（3）永磁同步电动机和异步电动机的主回路有什么异同点？

2. 分析图3-22，完成下列填空。

（1）电梯供电采用_____制供电系统，即_____系统。

（2）变频器主回路输入端线号为_____，输出端线号为_____，变频器在电路中的作用是_____。

（3）SW为_____，它的线圈得电时，其主触点_____，电动机_____。

（4）TA为_____，DBR为_____。

任务3.3 识读主控制回路

任务描述

识读电梯一体化控制系统主控板控制回路，明确电路所用电气元件名称及其所起的作用，掌握主控板控制回路的工作原理，能排除主控板控制回路简单故障。

相关知识

一、认识主控制回路元器件

1. 主控板（MCB）

NICE 3000主控板各接口端子分布如图3-23所示。X1~X27为数字量输入端，其功能可由F5组参数设定；Y1~Y6为数字量输出端，其功能同样可由F5组参数设定；CN3、CN4是通信用端子。

单元 3　识读电梯一体化控制系统电气图

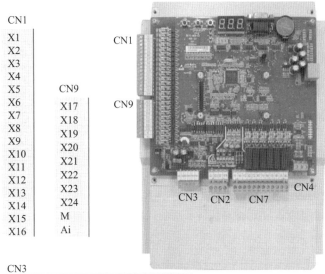

CN1: X1 X2 X3 X4 X5 X6 X7 X8 X9 X10 X11 X12 X13 X14 X15 X16

CN9: X17 X18 X19 X20 X21 X22 X23 X24 M Ai

CN3: 24 V　COM　MOD+　MOD-　CAN+　CAN-

CN2（高压输入端子）: X25　X26　X27　XCM

CN4（CAN2 通信）: CAN2+　CAN2-　GND

CN7: Y1　M1　Y2　M2　Y3　M3　Y4　M4　Y5　M5　Y6　M6

图 3-23　主控板接口端子分布

NICE 3000^{new} 电梯一体化控制器控制回路端子如表 3-7 所示。

表 3-7　控制回路端子说明

标号	代码	端子名称	功能说明	端子排列
CN1	X1~X16	开关量信号输入	输入电压范围：DC 10~30 V；输入阻抗：4.7 kΩ 光耦隔离；输入电流：限定 5 mA；开关量输入端子的功能由 F5-01~F5-24 设定	CN1: X1,X2,X3,X4,X5,X6,X7,X8,X9,X10,X11,X12,X13,X14,X15,X16
CN9	X17~X24	开关量信号输入		CN9: X17,X18,X19,X20,X21,X22,X23,X24,M,Ai
	Ai/M	模拟量差分输入	模拟量称重装置使用	
CN3	24 V/COM	外部 DC 24 V 输入	提供 24 V 电源，作为整块板的 24 V 电源	CN3: 24 V,COM,MOD+,MOD-,CAN+,CAN-
	MOD+/MOD-	485 差分信号	标准隔离 RS-485 通信接口，用于厅外召唤与显示	
	CAN+/CAN-	CAN 总线差分信号	CAN 通信接口，与轿顶板连接	

续表

标号	代码	端子名称	功能说明	端子排列
CN2	X25~X27/XCM	强电检测端子	输入电压 AC 110 V±15%，DC 110 V±20% 安全、门锁反馈回路，对应功能由 F5-37~F5-39 参数设定	X25 X26 X27 XCM CN2
CN7	Y1~Y6/M1~M6	继电器输出	继电器常开触点输出 5 A/AC 250 V，对应功能由 F5-26~F5-31 设定	Y1 M1 Y2 M2 Y3 M3 Y4 M4 Y5 M5 Y6 M6 CN7
CN4	CAN2+/CAN2-	CAN2 总线差分信号	CAN2 通信接口，用于群控或并联/群控	CN4 CAN2+ CAN2- GND
CN5	DB9 接口	RS232 通信接口	作为现场调试软件接口、小区监控接口、232/485 方式并联/群控接口及主控板和 DSP 板软件下载接口	CN5 (DB9)
CN12	RJ45 接口	操作器接口	用于连接液晶或数码操作器	CN12
J1			模拟量输入可选接地端，左边标识 COM 端表示接地	COM J1
J5			CAN 通信控制板侧终端电阻，标识 ON 一侧表示接终端电阻	ON J5
J7			控制板接地，短接表示将控制板地线与底层控制器地线接在一起	J7
J12			PG 卡连接端口	J12
J9/J10			厂家使用。请勿随意短接，否则可能无法正常使用	

（1）主控制器基本输入回路。

无论是 PLC 控制系统还是专用微机控制系统，作为主控制器的 PLC 或微机板都需要一些基本的输入点，这些输入点大多是开关触点和继电器触点，还有一些光电开关信号或磁开关信号。图 3-24 所示是一种典型的控制系统的主控制器基本输入回路。输入点电源连接的形式分为共阴和共阳两种接法，图 3-24 中给出的是共阳接法。主控制器的基本输入点主要有以下几类：

① 安全开关回路和门锁开关回路的直接输入（图 3-24 中的 X25、X26、X27）。

② 自动/检修开关信号、检修上行/下行按钮信号（图 3-24 中的 X9、X10、X11）。

③ 上、下限位开关信号（图 3-24 中的 X12、X13）。

④ 上、下终端减速开关（图 3-24 中的 X14、X15、X16、X17）。

⑤ 上、下平层信号和门区信号（图 3-24 中的 X1、X3、X2）。

⑥ 门锁接触器、主回路运行接触器、抱闸接触器、封星接触器和应急运行信号的触点输入（图 3-24 中的 X6、X7），用于检测这些接触器和继电器的故障状况。

⑦ 机械抱闸开关检测（图 3-24 中的 X21）。

⑧ 火灾返回和消防开关（图 3-24 中的 X22、X23）。

需要说明的是，主控制器的实际信号中还有轿厢、轿顶开关信号等其他一些信号，但那些信号通常在串行通信系统中，通过串行通信传送，因此不包括在基本输入点中，将在以后的任务中介绍。

（2）主控制器基本输出回路。

基本输出信号主要有以下几类：

① 给驱动器（通常是变频器）的命令信号，包括上、下行运行命令，速度指令（多段速方式或模拟量速度给定方式），等等。

② 接触器驱动信号，包括主回路运行接触器、抱闸接触器、封星接触器和抱闸强激接触器等（图 3-24 中的 Y1~Y6）。

③ 继电器驱动信号，主要是开、关门继电器等。

2. 轿顶接线箱

在轿顶靠近轿内操纵箱一侧设有轿顶接线箱，轿厢及轿顶所有配线通过轿顶接线箱与随行电缆相连接，将相关信号转接传送到控制柜。如图 3-25 所示，一般轿顶接线箱内装有轿顶板和安普接线端子，还装有应急电源模块（提供五方对讲电源）、警铃、轿顶对讲副机等元器件。

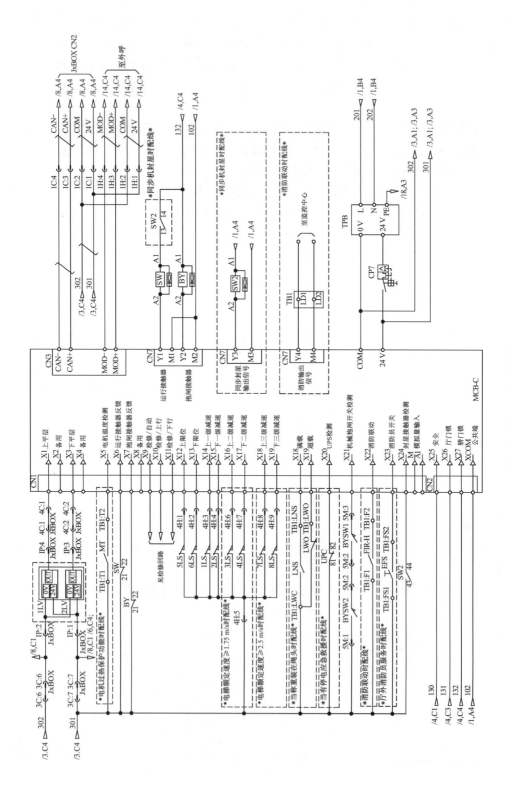

图 3-24 电梯主控制回路

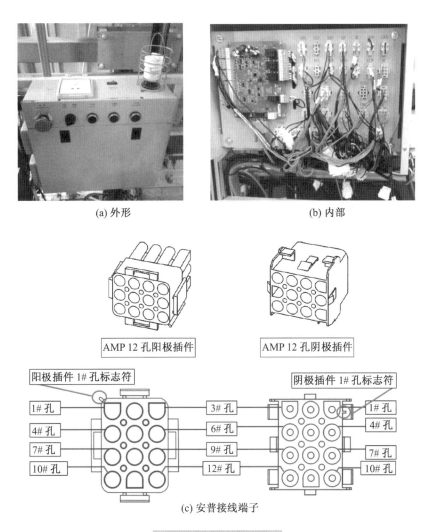

图 3-25 轿顶接线箱

3. 平层感应装置

永磁感应器和双稳态开关等平层感应装置在单元 2 中已有介绍。随着电梯拖动控制技术的进步，人们对电梯的要求日益提高，近年来不少电梯制造厂家和电梯安装改造维修企业采用反应速度更快、安装调整和配接线更简单、使用效果更好的光电开关和遮光板作为电梯减速平层停靠控制装置。这种装置结构比较简单，调试也比较方便，外形如图 3-26 所示。通过固定在轿架上的光电开关和固定在轿厢导轨上的遮光板，实现电梯上、下运行过程中位置的确认。当光电开关路过遮光板时，遮光板隔断光电开关的光发射与光接收电路之间的光联系，按设定要求给电梯电气控制系统提供电梯轿厢所在位置信号，再由控制系统管理控制微机，依据位于曳引电动机上的旋转编码器提供的脉冲信号，适时计算和控制电梯按预定要求减速、平层时停靠开门，完成接送乘客的任务。

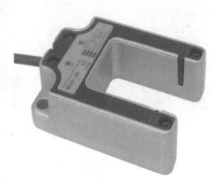

图 3-26 平层感应器和光电开关换速平层装置

实际使用过程中，电梯安装完工后，进行快速试运行前，要做好必要的准备。通过操作控制电梯自下而上地运行一次，一体化控制系统的微机就可根据采集到的轿厢位置把旋转编码器提供的脉冲信号记忆并储存起来，作为设置井道楼层距离、减速距离的依据，控制电梯按预定要求运行。

4. 电梯行程终端限位保护装置

电梯行程终端限位保护装置是为防止电梯越程而设的，以防电梯冲顶或蹲底，造成超限运行的事故。终端限位保护装置主要由强迫减速开关、终端限位开关和终端极限开关等三重开关及相应的挡板、碰轮和联动机构组成，如图 3-27 所示。

（1）强迫减速开关。

强迫减速开关在电梯到达端站楼面之前，提前一定距离强迫电梯将额定快速运行切换为平层停靠前的慢速运行。强迫减速开关动作时，切断电梯的快速运行回路，电梯强迫减速，为停止做准备。提前强迫减速点与端站楼面间的距离，与电梯额定运行速度有关。当电梯额定速度<1.75 m/s 时，电梯端站需要上、下各一个强迫减速开关，分别称为上一级减速开关、下一级减速开关。梯速≥1.75 m/s 的电梯应增加端站减速开关的数目，以便实施更安全的保护。因为快速电梯一般分为单层运行速度和多层运行速度两种，在不同的速度下减速距离也不一样，所以一般装有两个上强迫减速开关和两个下强迫减速开关。端站限位开关不建议采用非接触式感应开关，如磁感应开关等。电梯上常用的行程终端限位保护开关是极限式开关。

强迫减速开关并不能真正意义上防止电梯冲顶或蹲底，只能降低冲顶或蹲底的风险，或者降低冲顶或蹲底的概率，真正防止电梯冲顶和蹲底的是限位开关和极限开关。

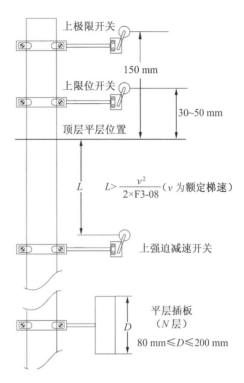

图 3-27 行程终端限位保护装置

（2）限位开关。

限位开关是当强迫减速开关失灵，或由于其他原因造成轿厢超越上下端站楼面一定距离时，切断电梯上下运行控制电路，强迫电梯立即停靠的装置。限位开关通常的动作位置是过了终端层平层位置 3~5 cm，它的动作将阻止电梯继续向终端方向运行。上限位开关一般在电梯运行到最高层，且高出平层 3~5 cm 处动作，动作后电梯快车和慢车均不能再向上运行；反之，下限位开关一般在电梯运行到最底层，且低于平层 3~5 cm 处动作，动作后电梯快车和慢车均不能再向下运行，防止电梯冲顶或蹲底。注意：超出上限位或下限位设置的位置，虽然电梯不能再向该方向运行，但可以向相反方向运行。

（3）终端极限开关。

如果上述保护措施失效，电梯仍然继续运行，则在电梯井道的顶层及底层装有终端极限开关作为终端保护的最后一道防线。当电梯因故障失控，上、下限位开关不起作用，轿厢可能发生冲顶或蹲底时，终端极限开关动作，发出报警信号并切断电梯动力电路，使电梯停止运行。极限开关通常的动作位置是过了终端层平层位置十多厘米，它是安全回路的开关，因此，它动作后，将阻止电梯的所有动作。

5. 制动器机械反馈

制动器打开或关闭的检测装置简称抱闸开关，如图 3-28 所示。抱闸开关检测抱闸的两种状态：一种是抱闸未打开状态（所谓抱闸），另一种是抱闸已打开状态（所谓松闸）。这两种状态用抱闸开关的开与关来实现检测。

图 3-28　抱闸检测微动开关

6. 串行通信

早期电梯的层站召唤信号、轿厢指令信号及相应的指示灯信号，都是采用 RS-485 串行通信方式进行处理的。RS-485 的有效传输距离可达 1 500 m，最高传输速率可达 200 kb/s。由于 RS-485 采用差分平衡数据传输方式，因此具有很强的抗干扰能力，能够降低传输的误码率并延长有效传输距离。

CAN 总线属于串行通信网络，只需要一对传输线即可实现数据的发送或接收。相比于 RS-485 通信方式，CAN 总线在实时响应能力、抗干扰能力、可靠性等方面，存在以下技术优势：

① RS-485 只能构成主从式结构的通信网络，缺少总线冲突仲裁，且实时响应能力差。而 CAN 总线丰富的优先级别和总线冲突仲裁方式，能够实现电梯通信系统主控制器、厅外呼梯控制器和轿厢控制器间多主式通信网络，提高电梯的实时响应能力。

② RS-485 上的主节点出现故障时，整个系统将处于瘫痪状态。而 CAN 总线上某一节点出现严重故障时，具有自动关闭功能，以切断该节点与总线之间的联系，但是并不影响其他节点的正常工作，使电梯系统具有很高的抗干扰能力。

③ CAN 总线有强大的错误检测和处理机制，每帧信息都有硬件 CRC 校验措施，保证了极低的数据出错率。与 RS-485 相比较，CAN 总线能提高电梯系统通信的可靠性。

④ CAN 总线通信传输距离远，通信速率很高，直接通信距离最远可达 10 km（速率在 5 kb/s 以下），通信速率最高可达 1 Mb/s（此时通信距离最长为 40 m）。

此外，CAN 总线只需一对双绞线通过网络拓扑结构连接即可，安装极为方便；对于不同楼层数的控制系统，只需在 CAN 总线中加入相应数目的呼梯控制器，并在主控制器的软件上做微小改动即可，使得电梯控制系统的安装更加灵活，扩展更加方便。

在微机电梯控制系统中，主控制器与轿顶板采用 CAN 总线进行数据的传输，与厅外召唤和显示控制器采用 MODBUS 通信，既节省了控制系统导线的费用，又能保证数据传输的稳定性。CAN 通信系统共采用四根线，其中两根（24 V、COM）为电源线，另外两根（CAN+、CAN-）为数据线。MODBUS 通信也采用四根线，其中两根（24 V、COM）为电源线，另外两根（MOD+、MOD-）为数据线。

二、主控制回路的工作原理

1. 输入侧

在电梯井道内有多种传感器，通过传感器检测发出电信号并反馈给电梯的控制系统，根据不同信号的含义及作用，控制系统发出命令控制电梯的运行与停止、加速与减速、开门与关门及平层检测等功能。所以在电梯电气系统中，电梯井道的传感器都是向控制系统输入信号的，这些传感器通过电缆把信号传递给控制系统。

图 3-24 所示的电梯主控制回路中，井道传感器相应文字符号分别表示：1LS——上强迫减速开关，2LS——下强迫减速开关，5LS——上限位开关，6LS——下限位开关，1LV——上平层开关，2LV——下平层开关，BYSW1、BYSW2——左、右机械抱闸开关检测，301、302 分别代表 24 V 直流电源的正负极。

主板输入侧是高电平有效，X1 亮时表示上平层开关接通，X3 亮时表示下平层开关接通。电梯停在平层位置时 X1、X3 亮，电梯离开平层位置在井道中运行时，X1、X3 不亮。可见，这里 X1、X3 接的是常开触点，到平层时，遮光板插入平层感应器，称为平层开关动作，常开触点闭合，X1、X3 亮。

因为平层感应器是光电式的，光电开关只有在 24 V 电压下才能正常工作，因此，要确认光电式平层感应器的信号是否正常，必须用电压法。将万用表打到直流电压挡，测量 X1、X3 与 3C:6 之间的电压，在平层位置处应都为 24 V。

而 X6 运行接触器反馈、X7 抱闸接触器反馈是系统用来检测这两个接触器是否正常：X6、X7 外面接的都是常闭触点，当电梯不运行时，运行接触器、抱闸接触器线圈不得电，接触器处于释放状态，它们的常闭触点是接通的，X6、X7 应该亮；当电梯启动运行以后，接触器线圈得电吸合，它们的常闭触点断开，X6、X7 由亮变灭。

上限位开关 X12、下限位开关 X13 接的也是常闭触点，电梯正常运行中是不会触及限位开关的，因此限位开关正常状态下 X12、X13 都应该是亮的，当 X12 不亮时，表示上限位开关动作(或断线)了，此时电梯不能上行。同样地，当 X13 不亮时，表示下限位开关动作(或断线)了，此时电梯不能下行。

上一级减速开关 X14、下一级减速开关 X15 接的也是常闭触点，电梯在上端站(10 层)时 X14 动作、X14 不亮；电梯在下端站(1 层)时 X15 动作、X15 不亮；电梯在中间各楼层时，X14、X15 都亮。

X21 是机械抱闸开关检测，外部接的是常开触点，电梯不运行，即处于抱闸状态时，X21 不亮；松闸到位时，两侧抱闸开关的常开触点闭合，X21 变亮。

2. 输出侧

主控制器输出端子控制外部负载的工作，主要是控制接触器的吸合与释放。Y 接通时，相当于 Y 与对应的 M 之间的开关接通，接在 Y 端子外电路上的负载(接触器线圈或指示灯)得电，接触器线圈得电，相应的接触器动作，其常开主触点接通主电路，其常闭触点断开，发出信号。

具体来说，在图 3-24 所示的电梯主控制回路中：

如果电梯满足运行的条件，Y1 得电，运行接触器 SW 得电，其主触点接通驱动回路，使曳引电动机得电运转；Y2 得电，抱闸接触器 BY 得电，其主触点接通抱闸回路，使制动器线圈得电,制动器松闸;Y3是选配,同步机封星时配线,Y3得电,封星接触器SW2线圈得电,其常闭触点断开,常开触点(串联在SW线圈回路中)闭合,控制电梯的运行与制动;Y4是消防联动时配线,消防状态时,当电梯返回基站后,系统发出反馈信号,将消防联动信号输出至监控中心。

3. 电梯运行时序

电梯运行时序图如图3-29所示,启动时运行接触器SW先吸合动作,然后抱闸接触器BY再吸合,松开抱闸;平层停站时抱闸接触器BY先释放,制动器抱闸,然后运行接触器SW再释放。

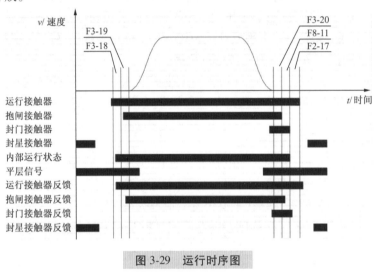

图3-29 运行时序图

三、常见故障分析与排除

(一)电梯快车运行找不到平层

1. 平层感应器工作电源故障

(1)电源回路低压断路器动作/熔断器烧毁。

(2)电源回路线路松动或断路。

检查方法:万用表电压法,测量平层感应器供电回路,根据图纸逐段测量。

2. 平层感应器损坏或信号故障

(1)平层感应器反馈信号线路松动或断路。

(2)平层感应器上下位置调换。

检查方法一:观察法,机房人员运行电梯,观察主控板的输入信号灯的变化与实际平层感应器动作的先后顺序(这里要注意电梯的运行方向,比如电梯上行时,上平层开关先动作、下平层开关后动作),根据图纸判断是否正确。也可派遣另一名人员上轿顶,人为动作平层感应器,机房人员做出判断和分析。

检查方法二:电压法,机房人员运行电梯,某平层感应器先动作,根据图纸测量平层感应器输入主控板的电压,再测量另一个未动作的平层感应器输入主控板的电压。由此判断平层感应器的上下位置。也可派遣另一名人员上轿顶,人为动作平层感应器,机房人员做出判断和分析。

此处须注意，应提前注意平层感应器的类型为 PNP-NO、PNP-NC、NPN-NO、NPN-NC 中的哪一种。PNP 与 NPN 型传感器一般有三条引出线，即电源线 VCC、0 V 线、信号输出线 OUT。PNP 是指当有信号触发时，信号输出线 OUT 和电源线 VCC 连接，相当于输出高电平的电源线；NPN 是指当有信号触发时，信号输出线 OUT 和 0 V 线连接，相当于输出低电平 0 V。图 3-24 中的平层感应器，就是 PNP-NO 型，在没有信号触发时，输出线是悬空的，就是电源线 VCC 和信号输出线 OUT 断开；有信号触发时，输出与电源线 VCC 相同的电压，也就是信号输出线 OUT 和电源线 VCC 连接，输出高电平 VCC。

（二）电梯运行至端站冲顶或蹲底

1. 快车运行电梯冲顶或蹲底

（1）强迫减速开关未动作，电梯到达端站时未平层，冲过头，达到限位或极限，电梯急停。

（2）如为光电限位，上、下强迫减速信号接反，电梯一启动就朝其他楼层运行，运行一点点距离即可急停，然后复位运行至平层或蹲底。

2. 正常快车运行无故障，轿顶检修运行至端站，冲顶或蹲底

（1）检查限位与极限开关是否装反，检修运行误动作极限，使得急停。

（2）检查限位开关是否未被动作，安装距离与撞弓过远。

（3）如为光电限位，需检查光电开关达到限位时极限是否动作，即极限安装的位置与平层过于接近。

（4）如为光电限位，上、下强迫减速信号接反，当电梯运行至端站平层后（此时只能朝远离端站的方向运行一点点距离），电梯只能继续朝端站方向运行直到极限动作。

（三）电梯死机，无法启动

电梯无法启动，检修流程如图 3-30 所示。

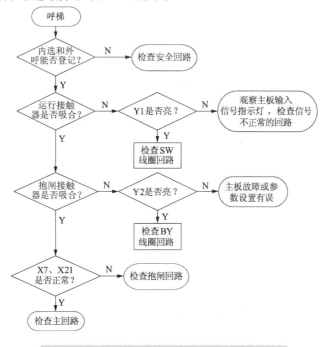

图 3-30　电梯主控回路故障诊断与维修流程

1. 接触器反馈故障

在电梯停梯待机的情况下，主接触器和抱闸接触器应处于自然松弛释放状态。这些装置如意外被动作，其常闭触点断开，主控板检测到接触器触点粘连，即会导致电梯死机，主板报故障代码，电梯无法运行。

2. 电梯上、下强迫减速开关同时动作

上、下强迫减速分别代表电梯的上、下端站区域。一台电梯不可能同时出现在上、下两个位置。

3. 电梯上、下限位开关同时动作

上、下限位分别限制上、下行方向运行，同时动作时，即没有运行方向，不可运行。

4. 机械抱闸开关故障

（1）抱闸开关与机械动作机构距离过小。

抱闸开关在未启动的情况下已经动作，即使抱闸打开了，只不过是让这个抱闸开关再被压得更紧一些。

（2）抱闸开关短接。

抱闸开关短接，抱闸打开或关闭的状态没有切换，导致抱闸打开和关闭中的一种状态无法被检测到。

（四）电梯能选层呼梯，但是关好门之后不运行，并且重复开关门

故障分析：电梯能正常选层和呼梯，并且能正常开关门，但不能运行，可见微机控制的内选、外呼部分正常，门机系统正常，应该外围还有条件没达到（未收到反馈），仔细观察微机主板的输入接口，如X25、X26、X27等输入接口是否正常，还可以观察主板是否有故障码显示。

检修过程：仔细观察主板的各个输入接口（看其相应的输入指示灯），重点观察当门关好后，主板的输入接口X25、X26、X27是否正常。最后发现在门已关好的情况下，X27输入指示灯仍然没有点亮，所以问题就是出自这里。电路如图3-24所示，经检测是主板的X27输入触点接触不良，将该接点重新接牢，故障排除。

（五）电梯能轿内选层和厅外呼梯，但关好门后不能运行（SW不吸合）

故障分析：因为能选层和呼梯，并且能开关门，可见内选、外呼系统电路正常，开关门系统电路正常。内外门都能关好，相关的门锁回路输入检测X26、X27都是亮的，根据电梯运行的驱动时序，这时运行接触器（SW）应该吸合，但是发现该接触器并没有吸合动作，所以问题应该出自运行接触器线圈回路，依照电路图及借助万用表，可找出故障点。

检修过程：运行接触器线圈相关电路如图3-31所示。根据能断电工作就优先断电检修工作的原则，将电梯主电源断开，用万用表的电阻挡进行检测。首先检测SW接触器的线圈电阻（A1-A2），这时应该有线圈的阻值（可参考同型号和同规格的接触器线圈电阻值），短路及无穷大都不正常，如正常则再查电路主板CN7-Y1端子至SW接触器的A2端子的连线、SW接触器的A1端子至132的连线，以及CN7-M1端子与102的110 V回路的连线，这几根连线都应该为通路，如断路则不正常。

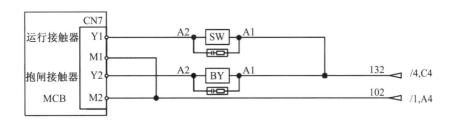

图 3-31 运行接触器线圈相关电路

最后查出是运行接触器故障,线圈断路,更换该器件即可。注意:更换好新器件后,一定要核对每个接线端子所接的线号是否正确,核对无误后方可送电试运行。

任务准备

一、判断题

1. 电梯限位开关动作后,切断危险方向运行,但可以反向运行。（   ）
2. 电梯的强迫减速开关动作将切断电梯快速运行回路。（   ）
3. 电梯检修运行时,电梯所有的安全装置均起作用,包括层门联锁。（   ）
4. 限位开关和极限开关可以用自动复位的开关,但不能用磁开关。（   ）

二、选择题

1. 上终端防超越行程保护开关自上而下的排列顺序是(   )。
  A. 强迫减速、极限、限位   B. 极限、强迫减速、限位
  C. 限位、极限、强迫减速   D. 极限、限位、强迫减速
2. (   )开关动作应切断电梯快速运行电路。
  A. 极限   B. 急停   C. 强迫减速   D. 限位
3. 电梯检修运行时不能上行但能下行的可能原因是(   )。
  A. 安全回路或门锁回路开关故障   B. 上限位开关故障
  C. 上强迫减速开关故障   D. 下限位开关故障

三、简答题

1. 电梯启动运行的条件有哪些?
2. 何谓串行通信?串行通信有什么特点?

任务实施

1. 识读图 3-24 所示的电梯主控制回路,完成以下任务。
（1）明确电路所用电气元件的名称及作用,填入表 3-8 中。

表 3-8 电气元件名称、符号、作用、安装位置及数量

序号	名称	符号	作用	安装位置	数量
1					
2					

续表

序号	名称	符号	作用	安装位置	数量
3					
4					
5					
6					
7					

（2）小组讨论主控制回路的工作原理。

2. 思考和总结：

（1）电梯系统中有哪些信号是输入电梯控制系统的？输入回路的电压是多少？如何判断输入信号是否输入控制器中？

（2）主控板输出回路的电源电压是多少？运行接触器线圈得电要满足哪些条件？

（3）电梯井道中有哪些传感器？这些传感器对电梯系统起到什么作用？

3. 如果电路发生如表 3-9 所示的故障，在表 3-9 中写出将会出现的故障现象。

表 3-9 信号系统故障设置

序号	故障设置	故障现象
1	平层感应器正极接插件松动	
2	平层感应器负极接插件松动	
3	平层感应器信号线接插件松动	
4	平层感应器上、下光电接反	
5	平层感应器与平层插板距离过大，无法感应	
6	平层感应器工作电源失效	
7	强迫减速开关与撞弓距离过大，无法动作	
8	强迫减速开关短接	
9	限位开关无法动作	
10	上、下强迫减速信号接反	
11	强迫减速开关滚轮破损，动作不可靠	
12	上、下限位信号接反	
13	极限开关位置距离平层过小，电梯光电限位后即急停	
14	上限位与上极限开关接反	
15	下限位与下极限开关接反	
16	1 楼平层高 10 cm	
17	2 楼平层低 10 cm	
18	电梯运行过程中，编码器接线松动	

任务 3.4　识读安全与门锁回路

任务描述

识读电梯一体化控制系统安全与门锁回路，明确电路所用电气元件名称及其所起的作用，掌握安全与门锁回路的工作原理，能排除安全与门锁回路简单故障。

相关知识

电梯的安全保护是控制系统中非常重要的一个部分。为了保证人身安全，电梯控制系统必须保证电梯只有在符合所有电气安全条件的情况下才能运行。电梯基本的安全条件主要有以下几点：

（1）安全回路必须正常接通。
（2）门锁回路必须正常接通。
（3）电梯没有影响运行的故障现象。
（4）电梯在上行时，上限位开关没有动作。
（5）电梯在下行时，下限位开关没有动作。

电梯安全回路是指串联所有电气安全装置的电路，在电梯各安全部件都装有一个安全开关，把所有的安全开关串联，只有在所有安全开关都接通的情况下，电梯才能得电运行。

一、认识安全回路元器件

1. 急停开关

急停开关用于紧急情况下直接断开安全回路，从而快速制停电梯，避免非正常工作。电梯各处的急停开关如图 3-32 所示。

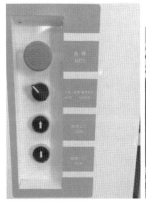

(a) 控制柜　　　(b) 轿顶检修盒　　　(c) 底坑检修盒

图 3-32　急停开关安装位置

2. 相序继电器

在任务 2.3 中已有介绍，外形如图 2-18 所示。

3. 安全钳开关

安全钳是与限速器配套使用的超速保护装置，是电梯安全必不可少的安全部件。限速器—安全钳联动示意图如图 3-33 所示。钢丝绳把限速器和张紧装置连接起来，绳的两端分别绕过限速器和张紧装置的绳轮，形成一个封闭的环路后，固定在轿厢架上梁安全钳的操纵杆上，当限速器动作、停止运转时，提拉起安装在轿厢梁上的安全钳连杆系统，使轿厢两侧的安全钳楔块同步提起（落下），夹住导轨，使超速下行（上行）的轿厢被迫制停。

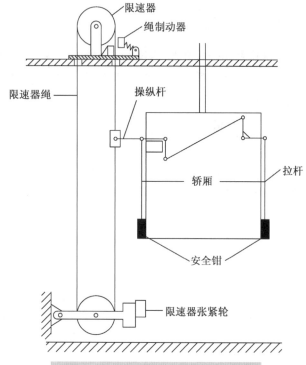

图 3-33 限速器—安全钳联动示意图

安全钳动作前，首先由限速器钢丝绳拉动安全钳拉杆，再带动安全钳开关动作，从而切断安全回路，使制动器失电制动。图 3-34 是安装在轿厢上梁的安全钳开关及其内部详细示意图。需要指出的是，安全钳开关动作后，必须手动复位，只有当所有安全开关复位后，释放安全钳，电梯才能恢复正常使用。

1—安全钳开关；2—限速器钢丝绳。

图 3-34 安全钳开关

单元 3　识读电梯一体化控制系统电气图

4. 限速器开关

限速器一般安装在电梯机房或隔音层的地面上。限速器能够反映轿厢或对重的实际运行速度,它与安全钳要连在一起使用,当电梯的速度超过额定速度一定值(至少等于额定速度的115%)时,其动作能导致安全钳起作用。在电梯超速达到临界值时,限速器起检测和操纵作用;当电梯正常运行时,限速器不起作用。限速器开关的位置及内部详细示意图如图 3-35 所示。

图 3-35　限速器开关　　　　图 3-36　断绳开关

5. 断绳开关

断绳开关又称张紧轮开关,如图 3-36 所示。按照 GB 7588—2003《电梯制造与安全规范》规定,限速器绳断裂或过分伸长,应通过一个符合 14.1.2 规定的电气安全装置的作用,使电动机停止运转。这个电气安全装置就是电梯的断绳开关,安装在底坑张紧轮旁,限速器钢丝绳断时触发该开关动作,切断安全回路使电梯停止运行。

6. 底坑缓冲器开关

该装置位于井道底部,设置在轿厢和对重的行程底部极限位置,是检查缓冲器的正常复位所采用的开关装置。在缓冲器动作后恢复至其正常伸长位置后电梯才能正常运行。图 3-37、图 3-38 所示为两种不同类型的缓冲器。

图 3-37　液压缓冲器　　　　图 3-38　弹簧缓冲器

7. 上、下极限开关

当轿厢运行至超越端站停止位置时,在轿厢或对重装置未接触缓冲器之前,强迫切断安全电路的非自动复位的安全装置就是上、下极限开关。该装置设置在尽可能接近端站时起作用而无误动作危险的位置上。应在轿厢或对重（如有）接触缓冲器之前起作用，并在缓冲器被压缩期间保持其动作状态。对强制驱动的电梯，极限开关的作用是直接切断电动机和制动器的供电电路。极限开关动作后，电梯不能自动恢复运行。

8. 盘车手轮开关

当电梯发生故障，轿厢停靠在两层站之间时，切断盘车手轮开关，松开安全钳，转动盘车手轮，可使轿厢到达较近的层站。

盘车手轮开关有两个安装位置：一是曳引电动机上（图 3-39），二是悬挂曳引电动机盘车手轮处。

图 3-39　安装在曳引电动机上的盘车手轮开关

9. 上行超速保护开关

根据 GB 7588—2003《电梯制造与安装安全规范》的要求，曳引驱动电梯上应装设符合条件的轿厢上行超速保护装置。该开关能检测出上行轿厢的速度失控，并能使轿厢制停，或至少使其速度降低至对重缓冲器的设计范围。如图 3-40 所示是两种上行超速保护装置。

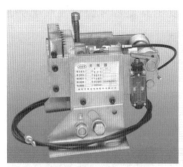 

(a) 夹绳器　　　　　　　　　　(b) 曳引电动机制动器

图 3-40　上行超速保护装置

10. 层门、轿门联锁开关

电梯在所有门没有全部关闭时运行，是最危险的动作，必须坚决杜绝。因此，一定要对电梯所有门的关闭与否状态进行准确的检测。为此，电梯中的轿门和每扇厅门都装有一个门锁开关，只有在该门完全闭合时，门锁开关才接通。所有这些门锁开关串接起来构成一个门锁回路，只有当门锁回路全部接通时，才允许电梯运行。层门的门锁开关

(图 3-41)装在每扇层门的上方,而轿门的门锁开关(图 3-42)装在轿门的上方。需要说明的是,这些门锁开关必须都是安全触点。

图 3-41　层门锁　　　　　　　　　　图 3-42　轿门锁

在采用钢丝绳驱动门系统中,主动门要有钩子锁,被动门要有副门锁,以防止钢丝绳因故断绳使被动门打开。主门锁采用机械与电气直接联锁,即在钩子上有一个铜片作为桥接短路板,触点分左、右两个。当两个触点被桥接板短路时,门锁电路接通。钩子固定在层门上,锁盒固定在门框上。各层的主动门与副门锁都是串联的,以表示电梯门的开、关状态。各层门(包括轿门),只要其中一个关不严,电梯就不能运行,并且预防当轿厢不在该层时其层门被打开,在每层的层门上应加装层门自闭装置,该装置一般采用重锤和弹簧两种形式。

11. 安全窗开关

轿厢安全窗(轿厢紧急出口)是在轿厢顶部向外开启的封闭窗,是供安装、检修人员使用或发生事故时救援和撤离乘客用的轿厢应急出口。窗上安装有安全窗开关,是设有手动上锁的安全装置,当窗扇打开或没有锁紧时,该装置即可断开安全回路,使电梯停止。只有在重新锁紧后,电梯才有可能恢复运行。安全窗开关的安装位置和电气触点结构如图 3-43 所示。

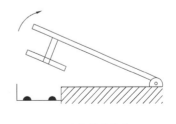

(a) 安装位置示意图　　　　　　　　　(b) 电气触点结构

图 3-43　安全窗开关

二、安全与门锁回路的工作原理

如图 3-44 所示是安全回路开关和门锁开关串接起来的安全回路。

1. 安全回路组成

常见的安全回路是由 AC 110 V 电源、控制柜急停开关、相序保护继电器触点、轿顶急停开关、安全钳开关、限速器开关、上极限开关、下极限开关、轿厢缓冲器开关、对重缓冲器开关、断绳开关、盘车手轮开关、底坑急停开关等开关触点串联接至电梯主控板和门锁回路的。

2. 门锁回路组成

门锁回路是由安全回路电源(线号 130)、首层厅门门锁触点、2 层厅门门锁触点……顶层厅门门锁触点、轿门门锁触点串联接至主控板的。

3. 工作原理

(1) 安全回路：101-2H:1。

来自电源(变压器 110 V 输出)的 101 号线接到控制柜急停开关 MES 常闭触点 1 端，从 MES 常闭触点 2 端接到相序继电器 XJ 常开触点 14 端，从相序继电器 XJ 常开触点 11 端接到控制柜端子排 2C:2，然后通过随行电缆连到轿顶接线箱内的插件 TCI:2。轿顶急停开关 TES 的 1 端连到 TCI:2，它的 2 端接出两条支路：

① 紧急电动运行支路：TES 的 2 端→轿顶检修开关 SRT 的 21 号端子→SRT 的 22 号端子→轿顶检修箱的 TCI:1→轿顶检修箱的 2C:1→随行电缆→控制柜 2C:1→紧急电动开关 DBS→3H:3。

电梯主机机房里应安装有紧急电动运行开关，当电梯发生限速器、安全钳联动或电梯轿厢冲顶、蹾底时，可以通过紧急电动运行开关操控电梯离开故障位置，如轿厢内关人，可以快速把人放出来，也可以及时把电梯故障排除。因此，紧急电动运行开关可以使限速器、安全钳、电梯上行超速保护装置、极限开关和缓冲器失效。

② 正常运行支路：TES 的 2 端→轿顶检修盒的 TCI:8→SOS:1→安全钳动作开关 SOS→SOS:3→2C:3→控制柜随行电缆插件 2C:3→3M:1→限速器电气开关 OS→3M:3→4H:6→上极限开关 7LSW→4H:7→下极限开关 8LSW→4H:8→3H:2→轿厢缓冲器开关 1BFS→对重缓冲器开关 2BFS→3H:3。

到 3H:3 处，上述两条支路又合到一起：断绳器开关 GTC→底坑入口急停开关 2PES→底坑检修箱急停开关 1PES→3H:1→2M:3→盘车手轮急停开关 RHC→2M:1→2H:1。

从上述回路可以得到：

101-2C:2：控制柜内安全；2C:2-2C:3：轿顶安全；3M:1-3H:2：井道安全；3H:1-3H:2：底坑安全。

综合起来，101-2H:1 是总安全回路，当安全回路中接的触点全部导通时，主控板上的 X25 接通，同时该信号(图中的 130 号线)还送到控制柜内接插件 2H:1。即安全回路所有开关全部正常时，电梯主控板才能检测到安全回路信号 X25，同时硬件回路门锁 2H:1 才能得电。若安全回路串接的触点中有一个断路，则 X25 不亮，电梯主控板检测不到安全回路信号，硬件门锁回路不能得电，接触器无法吸合，电梯不能运行，同时输出故障显示代码。

单元 3　识读电梯一体化控制系统电气图

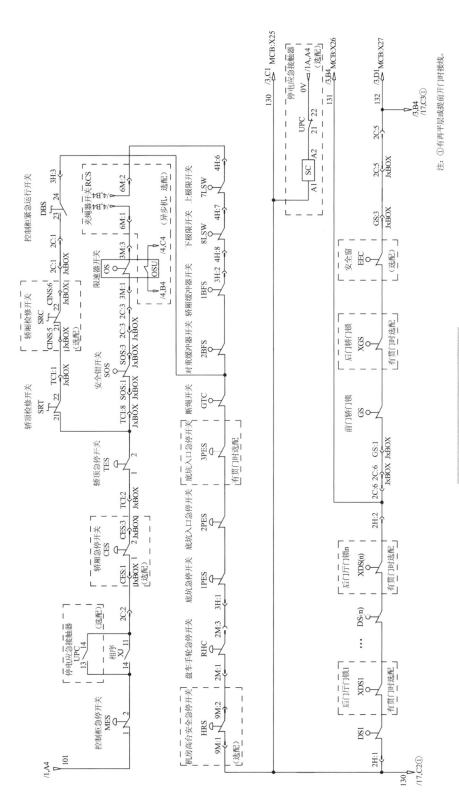

图 3-44　安全和门锁回路

（2）厅门锁回路：2H:1-2H:2。

当安全回路和厅门锁开关回路全部接通时，主控板上的 X26 接通，同时该信号（图中的 131 号线）还送到控制柜内接插件 2H:2。

（3）轿门锁回路：2C:5-2C:6。

轿门锁回路从 2C:6 接出，只有当安全回路、全部的厅门门锁和轿门门锁开关回路全部接通时，主控板上的 X27 接通，同时该信号即图中 132 信号还直接送到控制柜内接插件 2C:5。

门锁回路串接的触点全部导通时电梯主控板才能检测到门锁回路信号，同时硬件接触器线圈回路才能得电。若门锁回路串接的触点中有一个断路，则电梯主控板检测不到门锁回路信号，132 线没有电，硬件接触器线圈回路不能得电，接触器无法吸合，电梯不能运行。

因此，主控制器能直接得到安全回路和各层门门锁、轿门门锁回路的状态，精确、有效地实现电梯的安全保护。

三、常见故障分析与排除

当电梯处于停止状态时，所有信号不能登记，快车和慢车均无法运行，首先怀疑是安全回路故障。应该到机房控制柜观察主控板输入点 X25 的状态。如果 X25 不亮，或者显示故障代码"E41"，则应判断为安全回路故障。

故障可能原因如下：

（1）输入电源的相序错或有缺相引起相序继电器动作。

（2）电梯长时间处于超负载运行或堵转，引起热继电器动作。

（3）限速器超速引起限速器开关动作。

（4）电梯冲顶或蹲底引起极限开关动作。

（5）底坑断绳开关动作，可能是限速器绳跳出或超长。

（6）安全钳动作，应查明原因，可能是限速器超速动作、限速器失油误动作、底坑绳轮失油、底坑绳轮有异物（如老鼠等）卷入、安全楔块间隙太小等。

（7）安全窗被人顶起，引起安全窗开关动作。

（8）急停开关被人按下。

（9）如果各开关都正常，应检查其触点接触是否良好，接线是否松动等。

另外，目前较多电梯虽然安全回路正常，安全继电器也吸合，但通常在安全继电器上取一对常开触点再送到微机（或 PC）进行检测，如果安全继电器本身接触不良，也会引起安全回路故障。

电梯安全回路故障排除可按图 3-45 所示的流程进行。

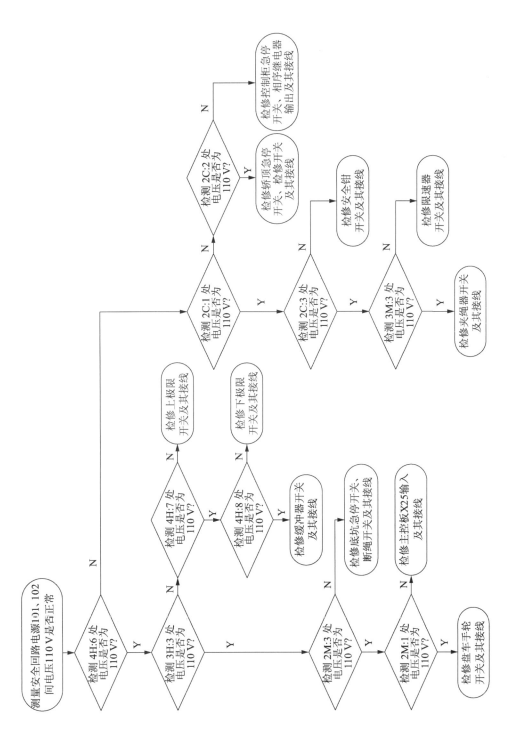

图 3-45 安全回路故障排除流程图

任务准备

一、判断题

1. 电梯安全钳动作后,其电气联锁开关应保证电梯可以向上运行,以便恢复电梯运行。( )

2. GB 7588—2003 规定:用盘车手轮进行盘车操作时,必须由一电气安全装置保证电梯无法运行。( )

3. 门锁的电气触点是验证锁紧状态的重要安全装置,普通的行程开关和微动开关是不允许用的。( )

二、选择题

1. 各层层门门锁的电气触点是( )连接的。
   A. 串联　　　　　　B. 并联

2. 层门锁电气触点与轿门锁电气触点是( )连接的。
   A. 串联　　　　　　B. 并联

3. 所有急停开关都是( )连接的。
   A. 串联　　　　　　B. 并联

4. 电梯安全电路安全开关动作断开,在不停电的情况下,选择万用表( )测量安全开关动作断开点。
   A. 电阻挡　　　B. 蜂鸣器挡　　　C. 二极管挡　　　D. 电压挡

5. 当电梯的厅门与轿门没有关闭时电梯的电气控制部分不应接通,电梯电动机不能运转,实现此功能的装置称为( )。
   A. 供电系统断相、错相保护装置　　　B. 超越上、下极限工作位置的保护装置
   C. 层门锁与轿门电气联锁装置　　　　D. 慢速移动轿厢装置

6. 当电梯运行到顶层或底层平层位置时,仍不能停车,继续向上或向下运行,在井道中设有( ),以防电梯冲顶或蹲底。
   A. 供电系统断相、错相保护装置　　　B. 超越上、下极限工作位置的保护装置
   C. 层门门锁与轿门电气联锁装置　　　D. 慢速移动轿厢装置

三、简答题

1. 安全回路的作用是什么?
2. 安全部件动作时,电梯能否运行?

任务实施

1. 识读图 3-44 所示的安全与门锁回路,完成以下任务。

(1) 明确电路所用电气元件的名称及作用,填入表 3-10 中。

表 3-10　电气元件名称、符号、作用、安装位置及数量

序号	名称	符号	作用	安装位置	数量
1					
2					
3					
4					
5					
6					
7					

（2）小组讨论安全与门锁回路的工作原理。

2. 分析如图 3-44 所示的安全回路，回答下列问题：

（1）何为安全回路？简述电梯的电气安全保护设施（至少写出五种不同类型）。

（2）X25、X26、X27 各是什么输入信号？电梯运行时它们是闭合的还是断开的？

（3）图 3-44 中的 2C 为控制柜内设置的维修用插件，维修时可以短接其端子，以快速找到故障点。请说明下列各端子之间是否连通，分别代表哪些回路安全？完成下列填空。

2C:2-2C:3 为　轿顶安全　；3M:1-3M:3 为　　　　　　；3H:2-3H:3 为　　　　　；3H:1-3H:2 为　　　　　　；2H:1-2H:2 为　　　　　　；2C:5-2C:6 为　　　　　　。

3. 从图 3-44 所示的安全回路可以看出，紧急电动回路短接了哪些安全部件？分析图 3-46 所示检修回路示意图，简述在紧急电动回路上的轿顶检修开关 SRT 的常闭触点起什么作用。

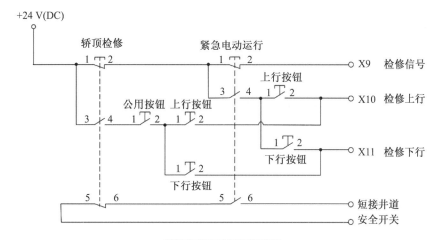

图 3-46　检修回路

4. 如果电路发生如表 3-11 所示的故障，在表 3-11 中写出将会出现的故障现象。

表 3-11 信号系统故障设置

序号	故障设置	故障现象
1	安全回路电源变压器侧断路/接线松动	
2	安全回路电源控制柜处断路/接线松动	
3	安全回路电源轿顶接线箱处断路/接线松动	
4	安全回路电源断路器断路/接线松动	
5	安全回路电源保险丝烧断/接线松动	
6	急停开关接线松动/未复位	
7	相序继电器接线松动	
8	相序继电器常开、常闭触点接反	
9	限速器开关动作/接线松动	
10	盘车手轮开关动作/接线松动	
11	上极限开关动作/接线松动	
12	下极限开关动作/接线松动	
13	张紧轮开关动作/接线松动	
14	安全钳开关动作/接线松动	
15	任一厅门门锁接线松动	
16	轿门门锁接线松动	

任务 3.5　识读抱闸控制回路

任务描述

识读电梯一体化控制系统抱闸控制回路，明确电路所用电气元件名称及其所起的作用，掌握抱闸控制回路的工作原理，能排除抱闸控制回路简单故障。

相关知识

一、制动系统

制动器是电梯驱动主机乃至整个电梯系统最关键的安全保护部件之一，制动器失效对电梯运行安全的威胁极大，是导致剪切和挤压伤害的直接因素之一。而且由于制动器失灵而造成的危险依靠其他安全部件进行保护也是非常困难的，因为此时电气保护不起作用（电气保护一般都是切断电动机和制动器电源而使运行中的电梯系统停止的），而上行超速保护装置和安全钳又只能在轿厢速度超过115%的额定速度的情况下才有可能进行保护。因此，制动器能否可靠动作，关系到整个电梯系统和使用人员的安全。

（1）电梯必须设有制动系统，在出现下述情况时能自动动作。

① 动力电源失电。

② 控制电路电源失电。

制动系统是电梯必须设置的部件，其动作（制动电梯）不是依靠电梯系统外部供电，相反，当动力电源和控制电源失电时，制动器应能将电梯系统制动。这就要求制动回路电源取自动力电源回路（当然应根据需要附加相关的变压器和整流装置），同时要求控制制动回路的电气装置（接触器）的控制电源取自控制回路。

（2）制动系统应具有一个机—电式制动器（摩擦型）。

① 机—电式制动器（摩擦型）是通过自带的压缩弹簧将制动器摩擦片紧压在制动鼓（盘）上，依靠二者之间的摩擦来制停电梯系统的。

制动器的制动作用应由导向的压缩弹簧或重锤来实现。

② 制动器是常闭式的。所谓常闭式制动器，是指机械不工作时制动器制动，机械运转时制动器松闸。当动力电源或控制电源失电时，电磁铁线圈失电，依靠机械力的作用，使制动带与制动轮摩擦而产生制动力矩；电梯运行时，依靠电磁力使制动器松闸。因此又称之为电磁制动器。

（3）机—电式制动器应符合以下规定：

① 正常运行时，制动器应在持续通电下保持松开状态，在失电时保持制动状态。

② 切断制动器电流，至少应用两个独立的电气装置来实现，不论这些装置与用来切断电梯驱动主机电流的电气装置是否为一体。当电梯停止时，如果其中一个接触器的主触点未打开，最迟到下一次运行方向改变时，应防止电梯再运行。

在此处明确要求使用两个接触器，而且两个接触器必须是独立的，不允许使用一个接触器的主触点和辅助触点进行相互校验。对于"独立"的理解如下：

a. 触点不能来自同一接触器，也不应存在电气联动、机械联动。

b. 两组触点在安全控制上不能存在主从关系，即当这两组触点中的一组发生粘连时，另一组触点应不受影响，仍能正常工作（即任何一个接触器触点的吸合动作不依赖于另一个触点的吸合动作），不会出现故障的连锁反应。

二、抱闸控制回路

抱闸控制回路是电梯中非常重要的回路，仅次于安全回路和门锁回路。GB 7588—2003 中 12.4.2，对抱闸控制回路主要有两个要求：一是要有两个独立的电气装置，二是要有防粘连保护功能。

1. 两个独立的电气装置

"两个独立的电气装置"是指，控制制动器线圈的电路中应至少有两个独立的接触器用于控制电动机，主触点应该串联于主回路中，只要有任意一个接触器主触点动作就能切断电动机的供电。

本套控制系统中的抱闸控制回路如图 3-47 所示，其中 01、02 为电源变压器模块给制动器提供的直流电压，经过运行接触器和抱闸接触器的触点后接到小端子排 TB 上，再从端子排 TB(1M:1、1M:3)外接到抱闸线圈上。图 3-47 中 BM 是抱闸线圈,抱闸线圈的安装位置如图 3-48 所示。"两个独立的电气装置"是指两个接触器,一个是抱闸接触器 BY,它是控制抱闸松开或抱住的主要器件,另一个是运行接触器 SW。两个接触器用了三对触点:SW(13-14)、BY(3-4)和 BY(5-6)触点,控制抱闸线圈 BM 供电电源的通断。电梯运行时,运行接触器和抱闸接触器分别吸合,抱闸线圈得电松闸;电梯停止时,抱闸接触器和运行接触器分别释放,线圈失电,制动器失电抱闸。多串联一个 BY 接触器上的触点,是为了增加制动器工作的可靠性。

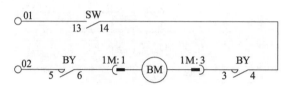

图 3-47 抱闸控制回路

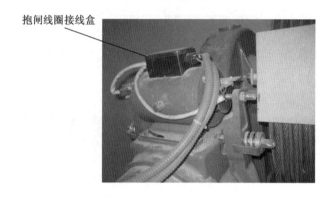

图 3-48 制动器线圈配线

使用 BY 和 SW 两个接触器控制,而不是只使用一个抱闸接触器 BY 控制,是因为如果只用一个接触器,当这个接触器的触点粘连无法正常断开时,制动器线圈将无法断电,就不能制动。由于两个接触器是彼此独立的,当其中一个接触器的主触点发生粘连时,另一个接触器仍能够正常工作,制动器线圈回路可以断电,电梯仍能够正常工作。但其安全状态已经达到了极限(如果另一个接触器也粘连,则会出现制动器电流无法切断的重大事故),继续运行电梯风险很大,但是对乘客不会马上有危险,为了减少轿厢困人事故,允许电梯完成本次规定方向的运行。自动扶梯和自动人行道对接触器粘连的保护要求是不能再启动。

2. 接触器触点防粘连保护

GB 7588—2003 要求,如果其中一个接触器的主触点未打开,最迟到下一次运行方向改变时,应防止电梯再运行,这就是平常所说的防粘连(即接触器粘连保护)。控制制动器回路的接触器应具有防粘连保护功能,当任何一个接触器的主触点在电梯停梯时没有释放,应该最迟到下一次运行方向改变时防止电梯继续运行。

图 3-49 中,将运行接触器的常闭辅助触点 SW(21-22)输入到主控板 MCB 的 X6 端口检测,当出现运行接触器 SW 吸合之后未释放时,X6 不亮,主控板报故障代码"E36",

下一次启动时系统保护,防止电梯再运行。同时,将抱闸接触器常闭辅助触点 BY(21-22)输入到主控板 MCB 的 X7 端口检测,当出现运行接触器 BY 吸合之后未释放时,X7 不亮,主控板报故障代码"E37",下一次启动时系统保护,防止电梯再运行。

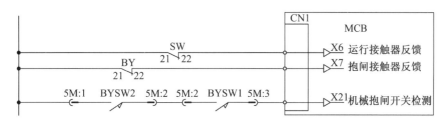

图 3-49 两个独立的接触器控制制动器

3. 交/直流制动器

根据制动器产生电磁力的线圈工作电流,制动器可分为交流电磁制动器和直流电磁制动器。由于直流电磁制动器制动平稳,体积小,工作可靠,电梯多采用直流电磁制动器。如果制动器线圈通过直流电,产生的磁场是恒定的,产生的磁力也是恒定的,制动器工作就会平稳;如果制动器线圈通过交流电,因为交流电的大小和方向是变化的,产生的磁力也是变化的,制动器工作就会不稳定,可能会产生振动,从而影响制动效果。

4. 其他制动回路

图 3-50 是一个典型的抱闸线圈回路。图中 BM 是抱闸线圈,D 和 R 是 BM 作为感性负载切断时的续流器件,让线圈电流释放掉,以起到保护回路中触点,减少抱闸线圈通断瞬间的高频电磁干扰的作用。BY1 是抱闸接触器,是控制抱闸松开或抱住的主要器件;BY2 是用来控制抱闸张开后将电压降到维持电压,从而保护抱闸线圈在长期通电后,不会因过热而损坏。

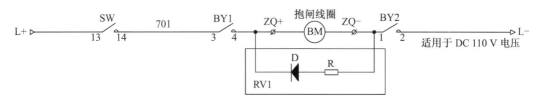

图 3-50 典型的抱闸线圈回路

图 3-51 中 KBZ 是抱闸强激控制模块,在刚开始启动时,输出全压 DC 110 V,1~2 s 后电压将降到 55 V,对抱闸线圈 BM 降压,维持抱闸打开。如果没有设置抱闸强激功能,抱闸线圈上一直是全压,容易损坏。

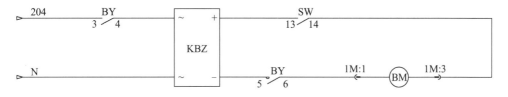

图 3-51 设置了抱闸强激功能的抱闸线圈回路

三、常见故障分析与排除

（一）启动运行时，制动器打不开

电梯正常运行时，制动器应在持续通电下保持松开状态。制动器打不开的可能原因如下：

1. 制动器电源故障（01、02 线间没有 DC 110 V）

（1）制动器电源失电：变压器 TRF1 模块上的 4 A 熔断丝烧毁或低压断路器 CP3 跳闸。

（2）制动器电源装置损坏：变压器或整流装置损坏。

检查方法：用万用表电压法测量，如果变压器有输入电压 AC 380 V，无输出电压，则是变压器损坏；若 AC 110 V 有输出，而 DC 110 V 无输出电压，则是整流装置故障。

2. 制动器工作回路故障

可能存在以下问题：

（1）控制柜内抱闸接触器或主接触器线圈接线松动，例如，图 3-31 中，MCB 的 Y1 与 SW 的 A2 之间的接线松动，导致接触器线圈回路断路，接触器无法吸合，致使其常开触点无法闭合，制动器控制回路断路。

（2）控制柜内抱闸接触器或主接触器线圈烧毁，导致接触器无法吸合，致使其触点无法闭合。

（3）控制柜内抱闸接触器或主接触器触点接线错误，常开或常闭触点接反。

（4）制动器电源处接线松动，控制柜 1M:1、1M:3 端子与制动器线圈之间的连线松动，等等，导致回路不通。

（5）图 3-46 中，其他各连接点松动，都会造成回路断路。

检查方法一：用万用表的电压法，在电梯运行时，测量制动器线圈处的工作电压。根据图纸逐步向电源处检查。

检查方法二：用万用表的通断法，在断电锁闭的情况下，人为断开回路，测量回路的通断性。

3. 制动器线圈自身因素

（1）制动器线圈 BM 损坏。

检查方法：用万用表的电阻挡，在断电锁闭的情况下，人为断开回路，测量制动器线圈的电阻值，可参考同型号和同规格的制动器线圈电阻值。若电阻值为无限大，则线圈烧毁；若电阻有读数，则需进一步检查绝缘性。

（2）制动器线圈 BM 接地。

检查方法：用万用表的通断挡，在断电锁闭的情况下，A 表棒接制动器线圈，B 表棒对地检测。如出现蜂鸣，则表示已接地。

（二）启动运行，制动器打开后又关闭

可能的故障原因如下：

1. 制动器工作回路松动

启动时，制动器打开后又关闭，说明制动器的电源在刚开始启动时是可以形成回路的，之后关闭的原因有许多种。

常见的就是前文所述的制动器工作回路故障。在启动的瞬间,电机开始旋转,制动器打开,存在振动,就会导致线路松动等问题,造成制动器的电源回路瞬间断开。这种情况一般都可以重新启动,但故障现象可能会再次出现。

2. 制动器打开或关闭的检测装置(以下简称抱闸开关)故障,松闸到位后 X21 不亮

机械抱闸开关通过抱闸微动开关的开与闭来实现对抱闸两种状态的检测。图 3-24 中,抱闸开关检测用的是常开触点,抱闸时 X21 不亮,松闸后 X21 亮。机械抱闸开关可能会出现故障的原因如下:

(1) 抱闸开关与机械动作机构距离过大,在启动的情况下,机械动作机构无法动作抱闸开关。

(2) 抱闸开关位置未调整到位,左右动作速度不同,即检测到抱闸打开或关闭不同步。

(3) 抱闸开关的信号反馈给主板的线路(即 X21 输入回路)故障,如断路、松动等。

(4) 抱闸开关机械损坏,触点接触不良。

检查方法一:电压法,在启动后用万用表电压挡检测开关及其线路各连接点的电位。

检查方法二:短接法,拆除其中一个开关进主板的电压信号线,用另外一个开关进主板的电压信号线同时提供信号给被拆除的点。

(三) 停止运行后,电梯溜车

可能的故障原因是两个独立的电气装置失效。

这些继电器、接触器都是物理元件,存放于控制柜内。如果这些元件损坏导致元件上的触点无法断开,一直处于闭合状态,那么就可能会造成电梯停车时溜车。所以一般都在这些物理元件上取一对检测点来监控该元件是否处于正常工作状态。

检查方法:用观察法,观察接触器的工作状态,各接触器在停车后是否释放、复位。

GB 7588—2003 中关于制动系统的相关规定:

(1) 当轿厢载有_____%额定载荷并以额定速度向下运行时,操作制动器应能使曳引电动机停止运转。

(2) 正常运行时,制动器应在持续通电下保持_____状态。

(3) 切断制动器电流,至少应用_____独立的电气装置来实现,不论这些装置与用来切断电梯驱动主机电流的电气装置是否为一体。

(4) 当电梯停止时,如果其中_____接触器的主触点未打开,最迟到下一次运行方向改变时,应防止电梯再运行。

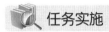

1. 识读如图 3-47 所示的抱闸控制回路,完成以下任务。

(1) 明确电路所用电气元件的名称及作用,填入表 3-12 中。

表 3-12 电气元件名称、符号、作用、安装位置及数量

序号	名称	符号	作用	安装位置	数量
1					
2					
3					
4					
5					
6					
7					

（2）小组讨论抱闸控制回路的工作原理。

2. 简述电梯无法启动运行，制动系统方面的故障排除思路。

3. 如果电梯出现如表 3-13 所示的故障，在表 3-13 中写出将会出现的故障现象。

表 3-13 抱闸控制回路故障设置

序号	故障设置	故障现象
1	制动器电源保险丝烧毁或断路器跳闸	
2	制动器电源变压器处接线松动（正/负极）	
3	抱闸电源板有输入，没有输出	
4	曳引电动机侧，制动器线圈接线处松动（正/负极）	
5	控制柜处，制动器线圈接线处松动（正/负极）	
6	抱闸接触器线圈接线处松动（正/负极）	
7	抱闸接触器线圈损坏，无法正常工作	
8	抱闸接触器的常开触点接到了常闭触点上	
9	抱闸接触器触点松动	
10	抱闸开关距离过大	
11	抱闸开关距离过小	
12	抱闸开关松动，动作/复位不可靠	
13	抱闸开关损坏，无法开关动作/复位	
14	抱闸开关损坏，开关内部触点烧蚀	
15	抱闸机械检测开关输入主控板信号丢失，主控板侧线路松动	
16	抱闸开关被短接	
17	抱闸接触器检测触点短路	
18	抱闸接触器检测触点断路	

任务3.6 识读检修回路

任务描述

识读电梯一体化控制系统检修回路,明确电路所用电气元件名称及其所起的作用,掌握检修回路的工作原理,能排除检修回路简单故障。

相关知识

一、检修运行

电梯除经常使用的运行状态外,还存在其他不同的运行状态。有方便维修人员检修和维护电梯的检修运行状态,用于安全回路局部发生故障时移动轿厢的紧急电动运行状态,以及用于发生火灾事故时的消防运行状态等。

电梯可以进行检修操作的位置有控制柜、轿顶检修箱、轿厢操纵箱,这些都是供维修人员进行维修保养作业使用的,其中轿顶检修运行优先级最高,优先于机房和轿厢检修运行。

GB 7588—2003《电梯制造与安装安全规范》14.2.1.3 规定,为便于检修和维护,应在轿顶装一个易于接近的控制装置。一旦进入检修运行,应取消下列操作:

(1) 正常运行控制,包括任何自动门的操作。
(2) 紧急电动运行。
(3) 对接操作运行。

只有再次操作检修运行开关,才能使电梯重新恢复正常运行。

电梯检修装置一般包括检修控制操作面板和相关线路。检修控制操作面板上包含"检修/正常"转换开关、急停开关、"上行"按钮、"公共"按钮和"下行"按钮。当转换开关由"正常"切换到"检修"时,电梯即进入检修运行状态;同时并持续按下"上行"和"公共"按钮,轿厢就以检修速度(标准规定检修速度不得超过 0.63 m/s)向上运行;同样,同时并持续按下"下行"和"公共"按钮,轿厢就以检修速度向下运行;按下急停开关,轿厢停止运行,急停开关应采用手动复位方式的双稳态开关。

检修运行时电气安全装置仍然有效,且不应超过轿厢的正常行程范围。检修操作的基本要素如下:

(1) 检修操作时不能有任何的自动动作,如取消轿内和层站的召唤,取消门的自动操作。
(2) 在满足运行的必要条件时,通过"上行"或"下行"按钮,可对电梯进行上行或下行的点动操作。
(3) 检修操作时,必须以低速运行,运行速度通常不超过 0.63 m/s。
(4) 在满足开、关门的必要条件下,通过开、关门按钮可对门进行开、关门的点动操作。
(5) 检修操作必须遵循轿顶、轿厢和机房的优先次序原则。
(6) 检修操作时,层站显示器的显示采取两种形式:一种是熄灭,另一种是专门显示"检修"字符或代表检修的字符,以告诉乘客现在电梯处于检修状态,不能正常使用。

轿顶检修运行时,所有的安全装置应起作用,如限位开关、极限开关、门的电气安全触点、限速器、安全钳等均有效,所以检修运行是不能开着门走梯的。

1. 轿顶检修

轿顶检修箱位于轿顶,一般安装在轿厢上梁或门机左右侧,方便在轿顶出入操作,外形如图3-32(b)所示。轿顶检修箱是为维保、调试人员设置的电梯电气控制装置,以便维保、调试人员在轿顶操作电梯,点动控制电梯上、下运行,安全可靠地进行电梯维保作业。检修箱上装设的电器元件如下:

(1)急停开关(红色):用于紧急情况下停止电梯运行,应符合安全触点的要求,双稳态,具有自锁功能。

(2)正常/检修开关:正常运行和检修运行的转换开关,用于转换运行状态。

(3)上行/下行/公共按钮:慢上/慢下点动检修运行按钮,用于检修状态上、下运行。

(4)照明灯及开关:用于轿顶检修作业时提供照明。

(5)带有AC 220 V或AC 36 V安全电压的电源插座等。

有些轿顶检修箱也装有开门和关门按钮、到站钟等,还有的在检修箱内部装有接插件或接线端,为电缆线的连接提供接口。有时制造厂家将它们与轿顶接线箱[图3-25(a)]合为一体,有的独立设置,独立设置的轿顶检修箱如图3-32(b)所示。

2. 机房检修

在现实中,为了方便操作和维修,机房往往也都设置了检修控制装置,该装置同样要满足GB 7588—2003的要求,并且检修运行应该优先于紧急电动运行。

二、紧急电动运行

对于人力操作提升装有额定载重量的轿厢所需力大于400 N的电梯驱动主机,其机房内应设置一个符合要求的紧急电动运行开关。紧急电动运行的电气操作装置设在机房中,与机房检修装置结构、功能类似,也是靠持续按压上/下方向按钮来控制电梯上下行。

紧急电动运行开关本身或通过另一个符合要求的电气开关应使下列电气装置失效:

(1)安全钳上的电气安全装置。

(2)限速器上的电气安全装置。

(3)轿厢上行超速保护装置上的电气安全装置。

(4)极限开关。

(5)缓冲器上的电气安全装置。

通常情况下,只有在使这部分电气安全装置失效的前提下,才可实现紧急电动运行操控电梯离开故障位置,以确保电梯在出现轿厢冲顶、蹲底等情况时,轿厢内的相关人员得以安全撤离,同时也可促使故障电梯恢复正常。

无机房电梯由于井道顶部空间小,难以实现人工手动盘车,所以无机房电梯应配置紧急电动运行的电气操作装置。

紧急电动运行开关操作后,除由该开关控制的操作以外,还应防止轿厢的一切运行。紧急电动运行优先于消防运行(也就是"紧急情况返基站",一旦发生火灾时,电梯将直接回到系统设定楼层开门待命)。

可以说，紧急电动运行是一种特殊的检修运行方式。它与检修运行的主要区别是，检修运行操作是在安全回路正常的条件下进行的，而紧急电动运行操作则可在安全回路局部发生故障的情况下进行，如限速器、安全钳开关动作后，紧急电动运行的目的是释放轿厢内被困的人员，操控电梯离开故障位置。如果电梯发生故障困人了，救援人员在救援时首先应将电梯由正常运行状态转换为检修运行状态，如果能够进行检修运行，就可释放被困人员，而无须使用紧急电动运行，只有在检修运行状态下无法运行轿厢时才使用紧急电动运行。

由于检修运行的操作是在轿顶上实现的，而紧急电动运行是在相对轿顶更加安全的机房等处实现的，所以检修运行应该优先于操作安全系数比较高的紧急电动运行。检修运行一旦实施，紧急电动运行便失效。当进行检修运行时，安全回路（图 3-44）上轿顶检修开关 SRT（21-22）常闭触点断开，使得紧急电动运行处于断路状态。在触发紧急电动运行开关后再触发检修运行，紧急电动运行失效，检修运行开始有效；在触发了检修运行开关后再触发紧急电动运行开关，紧急电动运行无效，检修运行仍然有效。

三、检修回路工作原理

图 3-52 是检修回路示意图。图 3-52 中 SRT、SRC 分别为轿顶、轿厢自动/检修开关，DBS 是控制柜紧急运行开关。只有当这三个开关全部闭合时，输入到主控制器的自动信号 X9 才能接通，电梯才可以自动运行；否则，电梯只能处于检修状态。TCIU 是轿顶检修上行按钮，TCID 是轿顶检修下行按钮，TCIB 是轿顶检修上/下行公用按钮，必须要同时按下公用按钮和上行（或下行）按钮才能实现上行（或下行），这是为了保证在轿顶检修状态时不会因误操作而导致电梯运行。同时，该回路的结构保证了轿顶检修操作优先原则，即在轿顶将自动/检修开关拨到检修状态时，图 3-52 所示的电路中 SRT（2-1）常闭触点断开，在机房和轿厢都不能操作电梯（此时这两处的上、下行按钮信号输入无效）。

进行电梯检修运行需要满足以下必要条件：

（1）安全、门锁回路导通（对应接触器、继电器吸合，主板输入点反馈正确，如表 3-14 所示）。

表 3-14　安全、门锁回路导通指示灯

输入点	名　　称	指示灯状态
X25	安全回路反馈常开输入	亮
X26	层门门锁回路反馈常开输入	亮
X27	轿门门锁回路反馈常开输入	亮

（2）限位开关安装到位（表 3-15）并能可靠动作。

表 3-15　上、下限位正常指示灯

输入点	名　　称	指示灯状态
X12	上限位信号常闭输入	亮
X13	下限位信号常闭输入	亮

注：井道参数自学习时，不需要撞击限位开关，只需要系统处于底楼平层状态即可。

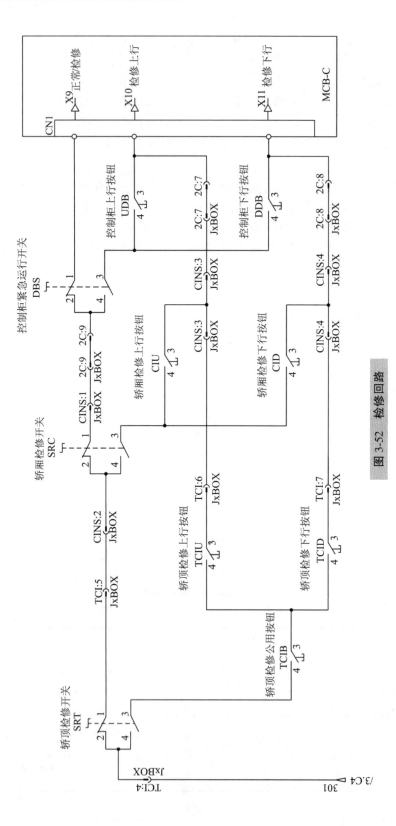

图 3-52 检修回路

(3) 检修回路正确,并能够正常检修运行。

将控制柜检修旋钮置于"检修"位置,对应指示灯如表 3-16 所示。

表 3-16 检测状态指示灯

输入点	名　　称	指示灯状态
X9	检修信号常闭输入	灭
X10	检修上行常开输入	灭
X11	检修下行常开输入	灭

按动"检修上行",对应指示灯变化如表 3-17 所示。

表 3-17 检修上行正常指示灯

输入点	名　　称	指示灯状态
X9	检修信号常闭输入	灭
X10	检修上行常开输入	亮
X11	检修下行常开输入	灭

按动"检修下行",对应指示灯变化如表 3-18 所示。

表 3-18 检修下行正常指示灯

输入点	名　　称	指示灯状态
X9	检修信号常闭输入	灭
X10	检修上行常开输入	灭
X11	检修下行常开输入	亮

四、常见故障分析与排除

故障现象:轿顶检修不能操作慢车运行。

故障分析:根据图 3-52 所示,故障原因可能是轿顶 24 V 电源不正常、轿顶检修转换开关自身故障、检修公用按钮自身故障、慢上或慢下按钮自身故障或电路引线之间存在断线现象。

检修过程:安全进入轿顶,先用万用表电压挡检查轿顶的 24 V 电源是否正常,如正常则断开电源,拆开轿顶检修箱,再用万用表检测检修转换开关、检修公用按钮、慢上/慢下按钮是否正常,如正常则检查各条引线是否存在断线。最后发现是检修公用按钮接触不良,更换新按钮后故障排除。

任务准备

一、选择题

1. 机房检修、轿厢检修和轿顶检修哪个优先级最高？（　　）

   A. 机房检修　　　　B. 轿厢检修　　　　C. 轿顶检修

2. 轿顶检修开关在"检修"位置，此时按下机房检修盒上的"慢上"或"慢下"按钮，电梯会动吗？（　　）

   A. 会　　　　　　　B. 不会

3. 轿顶检修开关在"检修"位置，此时按下轿内检修盒上的"慢上"或"慢下"按钮，电梯会动吗？（　　）

   A. 会　　　　　　　B. 不会

4. 机房检修开关在"检修"位置，此时按下轿顶检修盒上的"慢上"或"慢下"按钮，电梯会动吗？（　　）

   A. 会　　　　　　　B. 不会

5. 轿内检修开关在"检修"位置，此时按下轿顶检修盒上的"慢上"或"慢下"按钮，电梯会动吗？（　　）

   A. 会　　　　　　　B. 不会

6. 机房检修开关在"检修"位置，此时按下轿内检修盒上的"慢上"或"慢下"按钮，电梯会动吗？（　　）

   A. 会　　　　　　　B. 不会

7. 轿内检修开关在"检修"位置，此时按下轿厢检修盒上的"慢上"或"慢下"按钮，电梯会动吗？（　　）

   A. 会　　　　　　　B. 不会

8. 若机房、轿顶、轿厢内均有检修运行装置，必须保证（　　）的检修控制优先。

   A. 机房　　　　B. 轿顶　　　　C. 轿厢内　　　　D. 最先操作

二、判断题

1. 检修运行时可以设置"应急"运行功能，使电梯能在检修状态下开门运行。（　　）

2. 当电梯控制柜的检修装置处于检修状态使电梯运行时，将轿顶检修装置扳到检修位置，电梯立即停止运行。（　　）

3. 可以在层门、轿门开启的情况下，以检修速度正常行驶。（　　）

4. 电梯以检修速度运行时，为了方便操作，可以使部分井道限位失效。（　　）

5. 电梯检修运行时，电梯所有安全装置均起作用，包括层门联锁。（　　）

任务实施

1. 识读图3-52所示的检修回路，完成以下任务。

   （1）明确电路所用电气元件的名称及作用，填入表3-19中。

表3-19　电气元件名称、符号、作用、安装位置及数量

序号	名称	符号	作用	安装位置	数量
1					
2					
3					
4					
5					
6					
7					

（2）小组讨论检修回路的工作原理。

2. 轿顶检修操作装置有什么操作设施？各起何作用？有何规定？

3. 分析电梯检修回路（图3-53），并填空：

（1）操作_____或者_____使电梯进入检修状态。

（2）_____状态下，X09点一直有输入，当X09点无输入时，电梯进入_____状态。

（3）为防止误操作，控制柜内部设计了_____，用来配合上/下行按钮同时动作时，才会有检修上/下行信号输入。

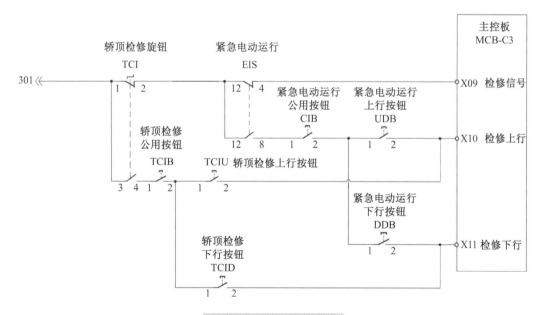

图3-53　电梯检修回路

4. 如果检修回路（图3-52）发生如表3-20所示的故障，在表3-20中写出将会出现的故障现象。

表 3-20 检修回路故障设置

序号	故障设置	故障现象
1	轿顶接线箱 TCI:4 接线松动	
2	轿顶接线箱 TCI:5 接线松动	
3	轿顶接线箱 TCI:6 接线松动	
4	轿顶接线箱 TCI:7 接线松动	
5	轿顶检修开关常闭触点接线松动	
6	轿顶检修开关常闭触点损坏	
7	控制柜紧急电动运行开关接线松动	
8	控制柜端子排 2C:7 接线松动	
9	控制柜端子排 2C:8 接线松动	
10	控制柜端子排 2C:9 接线松动	

任务 3.7　识读门机回路

任务描述

识读电梯一体化控制系统门机回路，明确电路所用电气元件名称及其所起的作用，掌握门机回路的工作原理，能排除门机回路简单故障。

相关知识

一、门机电气部件

电梯的自动开关门系统由开关门控制系统、开关门电动机（简称门机）、开关门按钮、开关门位置检测装置和保护光幕等组成，如图 3-54 所示。该开关门系统采用变频门机作为驱动自动门机构的原动力，由门机专用变频控制器 VVVF 控制门机的正、反转，减速和力矩保持等功能。

1. 门机(M)

门机是控制电梯开、关门的装置，安装在轿顶的轿门上方。最早期的电梯门是手动开、关的，也就没有现在的门机。而现代的电梯门几乎都是自动门，都是通过门机马达驱动的。按门机马达形式分，有直流门机和交流门机两大类。按驱动方式分，有直流电阻调速门机、交流电阻调速门机、直流 DCVV 调速门机、交流 ACVV 调速门机和现在流行的交流 VVVF 调速门机。直流门机马达的体积大，安装复杂，以致故障率高，功耗大。

三相交流异步电动机，结构简单，电机寿命长，调试简单，适用于普通场合。三相交流永磁同步电动机，转速低，转矩大，效率高，控制精度高，噪声小，体积小，缺点就是成本较高，必须配套安装编码器来实现闭环矢量控制。

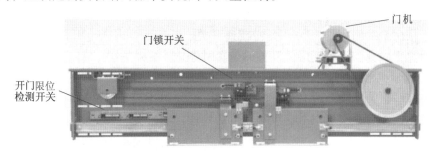

图 3-54 开关门系统组成示意图

2. 门机控制器

一般情况下，变频控制的门机系统都配有门机控制器，主要作用是接收电梯控制系统发出的开、关门信号，再通过开/关门位置检测开关或门机编码器的反馈信号来控制变频门机的开、关门。NICE 900 门机一体化控制器是电梯门系统的驱动控制器，它集成了开/关门逻辑控制与电机驱动控制，外部系统只需给出开/关门指令，即可实现对整个门系统的控制。它的优点是有速度控制和距离控制两种方式，既能驱动异步电动机，又能驱动永磁同步电动机，可以通过光电编码器反馈电机的速度和开/关门的位置，实现开/关门的闭环矢量控制，控制精度高，运行平稳。变频门机控制器的接线端子图如图 3-55 所示。

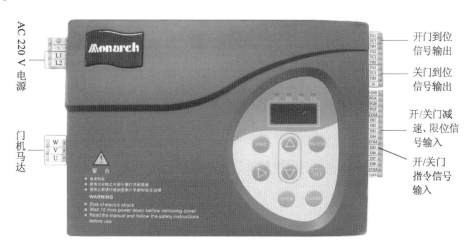

图 3-55 变频门机控制器的接线端子图

L1、L2：电源输入端子，连接单相交流 220 V 电源。

U、V、W：控制器输出驱动端子，连接三相电动机。

DI1~DI4：开/关门减速、限位信号输入。

DI5、DI6：开/关门指令信号输入。

TA1/TC1/TB1：开门到位信号输出。TA-TB：常闭；TA-TC：常开。

TA3/TC3/TB3：关门到位信号输出。

3. 开/关门位置检测装置

（1）双稳态开关。

在速度控制方式下，门上安装了四个双稳态开关（图3-56）。对于中分门，从门口中间往两边，依次是关门限位开关、关门减速开关、开门减速开关、开门限位开关，门通过减速点时进行减速，运行到限位开关的位置时停止。

（2）门机编码器。

在开/关门过程中，变频门机借助于门机编码器（图3-57），自学习门宽脉冲数，通过设置开、关门曲线参数实现对减速点和到位的处理，从而实现平稳调速。

图3-56 双稳态开关

图3-57 门机编码器

二、门机控制系统的工作原理

门机控制器与电梯控制系统相连，响应控制系统发出的开/关门信号，实现门机的逻辑控制。由于涉及所承载的人与物的安全，电梯的轿门和厅门是不能随意开关的，因此，电梯内呼系统的开、关门按钮只是起向电梯控制系统发出申请信号的作用，电梯控制系统根据电梯的工作状态和当前运行情况最终决定是否开门或关门，并发出指令给门机控制器。

1. 双稳态开关控制

控制系统通过双稳态开关信号反馈接收开关门减速、开关门限位信号，如图3-58所示。

（1）开门过程。

门机控制器DI5端子接收到电梯控制系统的开门指令之后，门机执行快速开门动作，当开到减速点时，DI3端子有效，进入开门减速阶段，直到开门限位输入端子DI4有效，此时开门到位输出端子TA3/TB3动作，控制系统接收到开门到位的信号（图3-60中轿顶板的X3），门机停止开门。

（2）关门过程。

门机控制器DI6端子接收到电梯控制系统的关门指令之后，门机执行快速关门动作，当关到减速点时，DI2端子有效，进入关门减速阶段，直到关门限位输入端子DI1有效，此时关门到位输出端子TA1/TB1动作，控制系统接收到关门到位的信号（图3-60中轿顶板的X5），门机停止关门。

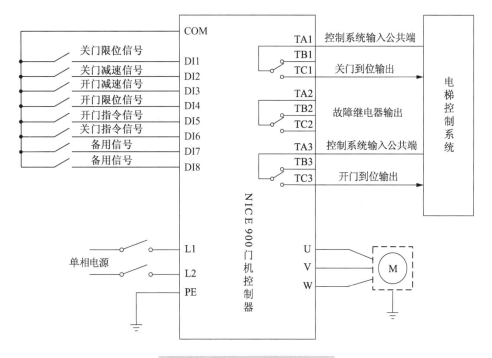

图 3-58 双稳态开关控制电路

双稳态开关控制回路各端子名称及功能说明见表 3-21。

表 3-21 双稳态开关控制回路端子名称及功能说明

端子名称	端子功能说明	备注
输入端子 DI1	关门限位信号常开输入	外部信号输入到门机控制器
输入端子 DI2	关门减速信号常开输入	
输入端子 DI3	开门减速信号常开输入	
输入端子 DI4	开门限位信号常开输入	
输入端子 DI5	开门指令常开输入	
输入端子 DI6	关门指令常开输入	
输出端子 TA1/TB1	关门到位信号常闭输出	门机控制器信号输出到控制系统
输出端子 TA3/TB3	开门到位信号常闭输出	

2. 编码器控制

控制系统通过编码器脉冲反馈接收开、关门减速和开、关门到位信号，如图 3-59 所示。

（1）开门过程。

门机控制器 DI5 端子接收到电梯控制系统的开门指令之后，门机根据编码器反馈的脉冲执行快速开门动作，一般当门开至 70%（60%～90%可调）门宽之后，进入开门减速阶段，然后运行到 96%（80%～99%可调）门宽之后，开门到位输出端子 TA3/TB3 动作，控制系统接收到开门到位的信号（图 3-60 中轿顶板的 X3），门机停止开门。

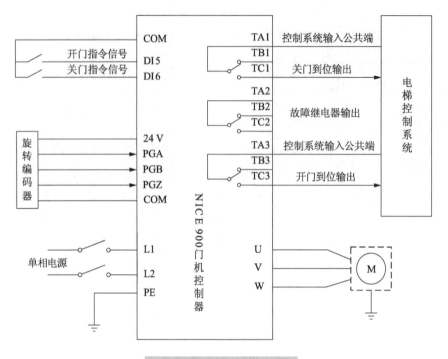

图 3-59 编码器控制电路

(2) 关门过程。

门机控制器 DI6 端子接收到电梯控制系统的关门指令之后,门机根据编码器反馈的脉冲执行快速关门动作,一般当门关至 30%(100%-F6-08,F6-08=60%~90%可调,设 F6-08=70%)门宽之后,进入关门减速阶段,然后运行到 4%(100%-F6-09,F6-09=80%~99%可调,设 F6-09=96%)门宽之后,关门到位输出端子 TA1/TB1 动作,控制系统接收到关门到位的信号(图 3-60 中轿顶板的 X5),门机停止关门。

编码器控制回路各端子名称及功能说明见表 3-22。

表 3-22 编码器控制回路端子名称及功能说明

端子名称	端子功能说明	备注
输入端子 DI5	开门指令常开输入	外部信号输入到门机控制器
输入端子 DI6	关门指令常开输入	
输入端子 24 V	门机编码器 24 V	门机编码器接线端子
输入端子 PGA	门机编码器 A 相	
输入端子 PGB	门机编码器 B 相	
输入端子 PGZ	门机编码器 Z 相	
输入端子 COM	门机编码器 0 V	
输出端子 TA1/TB1	关门到位信号常闭输出	门机控制器信号输出到控制系统
输出端子 TA3/TB3	开门到位信号常闭输出	

3. 门机回路的工作原理

门机控制回路如图 3-60 所示，变频器主电路电源输入是单相 220 V，门机是三相交流异步电动机。来自轿顶板 CTB 的输出信号 B1、B2 分别给门机变频器输出开门指令和关门指令，控制门机变频器的运行；而开门到位和关门到位的信号作为 CTB 控制板的输入信号（图 3-60 中的 X3 和 X5），控制门机变频器的停止。后门门机控制回路、开门/关门信号控制与前门类似。

三、常见故障分析与排除

故障现象：电梯平层后不开门，造成困人事故。

故障分析：门机不开门，可能的原因在于门机电源供电断相或失电，位置信号故障，门机或门机控制器被烧毁击穿，门机过热保护触点、热敏电阻跳断或动作，以及其他异物卡阻等。

1. 门机电源回路故障

门机需要执行开门或关门动作，必须要有动力来源。门机电源回路都是由电源回路内的变压器降压生成的，有些门机上自带门机电源开关或门机电源保险丝，有些维保人员操作不规范，或者不熟悉流程，进出轿顶时有可能会触碰到门机驱动器，如进出轿顶动作门机电源，忘记复位，或者意外踢到。

检修过程：在如图 3-60 所示的门机电路中，如果门机控制器屏显不亮，表明门机控制器没电，那么从门机控制器上电源输入端子开始，倒着往前一级一级地检查：L、N 是否有电→检查轿顶接线箱 3PC:1、3PC:2 是否有电→检查 5C:1、5C:2 是否有电→检查控制柜内电源控制回路，变压器 TRF1 的 220 V 电压输出端 203、202 有没有电压。

2. 门机驱动器与门电动机的接线松动

（1）门机驱动器输出给门电动机的线路松动或断路。

（2）门机编码器线路松动或断路。

检修过程：检查门机控制器 DI5 端是否有开门指令输入，如果没有，表明是电梯控制系统的问题或是控制系统与门机控制器的接线松动或断路；如果 DI5 端有指令输入，则重点检查门机控制器输出的三相电源线、门电动机是否正常。断开门机控制器电源，用万用表电阻挡对门机板的三相输出电源线进行检测，对门机三相绕组的电源端子进行检测，看其三相绕组阻值是否平衡，从而判断电动机是否缺相。

3. 门电机、门机驱动器损坏

检查方法一：门机自学习。

检查方法二：手动给开/关门命令，观察门机是否进行开/关门。

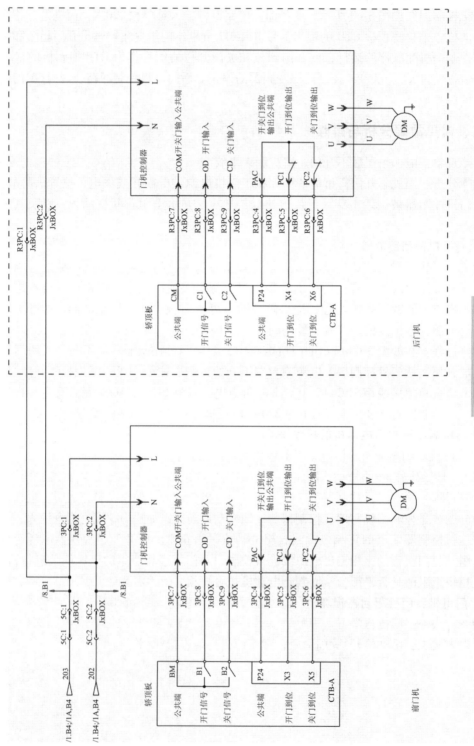

图 3-60 门机回路

任务准备

1. 门系统上有哪些电气部件？各自的作用是什么？
2. 门机控制器主要的输入信号有哪些？

任务实施

识读图 3-60 所示的门机回路，完成以下任务。

（1）明确电路所用电气元件的名称及作用，填入表 3-23 中。

表 3-23　电气元件名称、符号、作用、安装位置及数量

序号	名称	符号	作用	安装位置	数量
1					
2					
3					
4					
5					
6					
7					

（2）小组讨论门机回路的工作原理。

（3）如果电梯不开门，可能的故障原因是什么？如何检查出具体的故障部位？

2. 如果门机回路发生如表 3-24 所示的故障，在表 3-24 中写出将会出现的故障现象。

表 3-24　电梯门机回路故障设置

序号	故障设置	故障现象
1	门机电源变压器侧断路/松动	
2	门机电源控制柜处断路/松动	
3	门机电源轿顶接线箱处断路/松动	
4	门机电源断路器断路/接线松动	
5	门机电源保险丝烧断/松动	
6	门机控制器电源插头未插入/松动	
7	门机控制器与门电机连接线断路/松动	

任务 3.8 识读轿顶接线回路

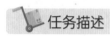**任务描述**

识读电梯一体化控制系统轿顶接线回路,认识电梯控制系统对门机控制器的控制命令(开/关门指令信号)和门机控制器对电梯控制系统的反馈信号(门机控制器输出信号),以及轿厢近门保护的作用与形式,懂得轿顶板的信号指示灯表示的含义,明确电路所用电气元件名称及其所起的作用,掌握轿顶板控制回路的工作原理,能够排除轿厢门控制电路简单故障。

相关知识

一、认识相关电气元器件

1. 轿顶板

轿顶板安装在轿顶接线箱内,外观尺寸如图 3-61 所示。

轿顶板 MCTC-CTB 是 NICE 3000^{new} 电梯一体化控制器的轿厢控制板,自带 8 个数字输入端口、1 个模拟电压信号输入端口、8 个继电器常开信号输出、1 个继电器常闭信号输出,同时带有与指令板有通信功能的两个数字信号输入/输出端子,以及支持与主控板进行 CAN 通信的输入/输出端子。它是电梯一体化控制系统中信号采集和控制信号输出的重要中转站。轿顶板 MCTC-CTB 端子说明如表 3-25 所示。

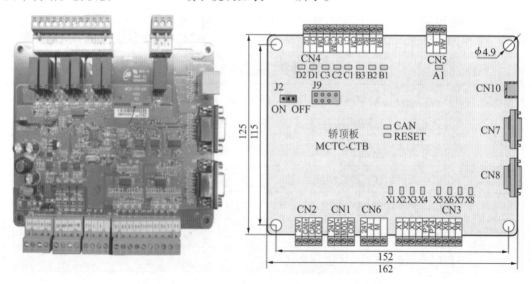

图 3-61 轿顶板外形及端子分布(尺寸单位:mm)

表 3-25 轿顶板端子说明

端子标识		端子名称	功能说明
CN2	24 V	与主控板连接的 CAN 通信接口	与 NICE 3000^{new} 一体化控制器的主控板连接，进行 CAN 通信
	CAN+		
	CAN−		
	COM		
CN1	24 V	与轿内显示板连接的 MODBUS 通信接口	与 MCTC-HCB 厅内显示板连接，进行 MODBUS 通信
	MOD+		
	MOD−		
	COM		
CN6	24 V	模拟量称重信号输入	输入电压范围：0~10 V(DC)
	Ai		
	M		
CN3	P24	+24 V 电源	数字量输入电源公共端
	X1	光幕 1 输入	数字量输入端子 1. 光耦隔离，单极性输入 2. 输入阻抗：3.3 kΩ 输入 DC 24 V 时，MCTC-CTB 信号有效
	X2	光幕 2 输入	
	X3	开门限位 1 输入	
	X4	开门限位 2 输入	
	X5	关门到位 1 输入	
	X6	关门到位 2 输入	
	X7	满载信号(100%)输入	
	X8	超载信号(100%)输入	
CN4	B1-BM	开门信号 1 输出	继电器输出端子，触点驱动能力：DC 30 V，1 A
	B2-BM	关门信号 1 输出	
	B3-BM	强迫关门 1 输出	
	C1-CM	开门信号 2 输出	
	C2-CM	关门信号 2 输出	
	C3-C3M	强迫关门 2 输出	
	D1-DM	上行到站信号输出	
	D2-DM	下行到站信号输出	
CN5	A-AM（常闭触点）	轿厢风扇/照明控制输出	继电器输出端子，驱动能力：AC 250 V，3 A 或 DC 30 V，1 A
	B-AM（常开触点）		
CN7/CN8		与指令板通信 DB9 针端口	连接 MCTC-CCB 厅内指令板：CN7 主要用于前门或普通召唤；CN8 用于后门或残障召唤

(1) 轿厢和轿顶开关信号、内选指令、召唤按钮信号的输入。

以串行通信系统为例，所有这些信号都首先输入到轿顶板，然后通过轿顶板的 CN2 接口，再输入到主控制器，实现 CAN 通信。输入信号主要包括：

① 内选指令按钮（随楼层数增加而增加）、开/关门按钮的输入。

② 轿厢开关，包括司机开关、独立运行开关、直驶按钮等。

③ 轿顶开关，包括光幕、安全触板开关、开门限位开关、关门限位开关等。

④ 轿底开关，包括满载开关、超载开关等。

轿顶接线回路如图 3-62 所示。轿顶板 CN7 接口适用于主操纵箱，CN8 接口适用于副操纵箱。操纵箱上的内选指令和轿厢开关信号，通过九芯通信线，输入到轿顶板 CTB。CN3 是数字量输入端子，其中 X8 是电子称重开关输入，X8 接的是常闭触点，当轿厢载重正常时 X8 亮，而检测到超载时 X8 不亮，电梯不关门，警报器鸣响，发出报警提示。X7 是满载检测，外部接的是常开触点，轻载时 X7 不亮，当 X7 点亮时检测到电梯满载，这时外呼不能截梯，电梯只响应内选信号。X1 是前门光幕检测输入，X1 接的是常闭触点，没有乘客或阻挡物时，X1 亮，光幕被挡则 X1 不亮，电梯就不关门。X2 是后门光幕检测输入，与 X1 情形类似。轿顶板 CTB 的 X3～X6 输入端接线如图 3-60 所示。X3 是前门（X4 是后门）开门到位输入检测，当 X3（X4）亮时表示开门限位到了，停止开门；X5 是前门（X6 是后门）关门到位输入检测，当 X5（X6）亮时表示关门限位到了，停止关门。

(2) 轿厢、轿顶输出信号，内选指令按钮灯及楼层显示器信号输出回路。

同样以串行通信系统为例，这些信号先由主控制器通过 CAN 通信输出给轿顶板的 CN2，然后由轿顶板输出信号给各驱动部件。这些输出信号主要包括：

① 内选指令按钮灯的点灯信号（随电梯楼层数的增加而增加）。

② 楼层显示器输出信号。轿顶板 MODBUS 端口 CN1 负责与语音报站及轿内显示通信。

③ 开关门指令、轿厢到站钟、超载蜂鸣器及其他一些轿厢显示信号。

B1 是前门（C1 是后门）开门信号输出，B1（C1）亮时给门机控制器发出开门指令；B2 是前门（C2 是后门）关门信号输出，B2（C2）亮时给门机控制器发出关门指令；D1、D2 是到站钟信号输出。

2. 电梯门保护装置

为防止电梯门在关闭过程中伤害乘客，需要设置电梯门保护装置，最常用的门保护装置有安全触板和光幕装置两种。安全触板（图 3-63）也称为接触式保护装置，红外光幕是非接触式保护装置，目前，也有将这两类功能合在一起组成多重保护装置。安全触板主要由触板、控制杆和微动开关组成。正常情况下，触板在自重的作用下，凸出门扇 30～45 mm，当门在关闭过程中碰触到人或物体时，触板被推入，控制杆转动，上控制杆端部的开关凸轮压下微动开关触点，使门电动机迅速反转，门重新被打开。

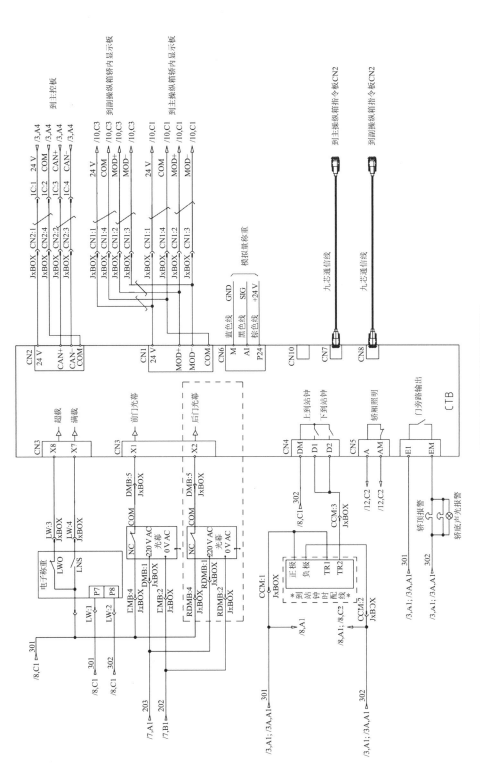

图 3-62 轿顶接线回路

图 3-63 安全触板

电梯光幕是一种光线式电梯门安全保护装置,运用红外线扫描探测与自动化控制技术保护乘客的安全,适用于客梯、货梯。光幕由安装在电梯轿门两侧的红外发射器和接收器、安装在轿顶的电源盒及专用柔性电缆组成。

光幕门保护装置如图 3-64 所示。在发射器内有 32 个(16 个)红外发射管,在 MCU(Micro Control Unit,微控制单元,又称单片机)的控制下,发射、接收管依次打开,自上而下连续扫描轿门区域,形成一个密集的红外线保护光幕。当其中任何一束光线被阻挡时,控制系统立即输出开门信号,轿门即停止关闭并反转开启,直至乘客或阻挡物离开警戒区域后电梯门方可正常关闭,从而达到安全保护的目的,这样可避免电梯夹人事故的发生。

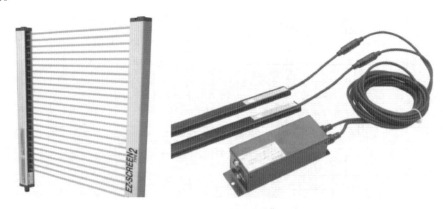

图 3-64 光幕门保护装置

安全触板是接触式的机械装置,当任何物体碰到安全触板引起其开关动作时,电梯就会开门或保持开门状态。安全触板保护是无条件的,在任何情况下,它都起作用。光幕装置是一种电子保护装置,通常只在自动状态而且是非消防状态下才起作用。当两扇门中间有物体挡住光幕装置的光束时,电梯就会开门或保持开门状态。

3. 超载保护装置

(1) 满载直驶功能。

对于集选控制电梯,在自动无司机的正常状态下,当载重量达到电梯额定载重的80%~90%时,接通直驶电路,运行中的电梯不应答厅外截停信号,而直驶到有内选指令登记的楼层。该功能通常是一个选配功能。

(2) 超载保护。

这实际也是一个必备的安全保护功能,当电梯负载超过额定负载后,超载装置使电梯不能启动运行并发出超载信号。电梯在自动状态时,如果轿内的负载超过额定负载的110%时,超载装置切断电梯控制电路,电梯就不能关门,当然也不能启动,并且发出超载的声光信号,蜂鸣器鸣响,如配有超载灯,超载灯也点亮闪烁。

电梯超载装置有多种形式,如机械式、电磁式等。超载装置安装部位不同,称重传感器也不同,有活动轿厢或活动地板的电梯,称重传感器装在轿底,传感元件一般采用橡胶垫,当其变形 3 mm 以上,利用这个位移量压下微动开关,发出超载信号。但是这种机械式超载开关灵敏度不高。目前电梯上大多采用霍尔传感器[图 3-65(a)],根据电梯活动轿底随载重产生弹性变化,通过霍尔传感器检测轿底位移变化,从而实现对电梯轿厢超载的检测。这种传感器检测间隙为 20~30 mm,灵敏度高(超载翻转点≤调整点±0.02 mm),适用于所有需要超载信号的活动轿底感应重量[图 3-65(b)]或绳头弹簧感应重量[图 3-65(c)]的电梯及需要节能运行的自动扶梯。

不论何种称重装置,只要电梯超载,就会给电梯主板(称重装在机房绳头时)或轿顶板(称重装在轿底或轿顶时)发出超载信号,电梯控制系统接收到该信号后就会停止关门,直到多余的乘客(或负载)撤离,减至110%额定载重量以下,轿底回升不再超载,超载开关复位,控制系统才会重新启动关门。

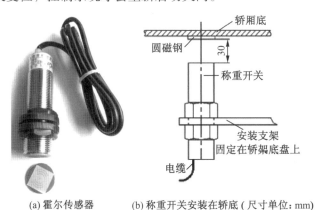

(a) 霍尔传感器　　(b) 称重开关安装在轿底(尺寸单位: mm)　　(c) 超载装置安装在机房绳头组合处

图 3-65 超载感应装置

二、开/关门电气控制

(1) 电梯控制系统在进行开/关门控制时,首先要遵循以下两个要点:

① 电梯安全触板动作时严禁关门。

② 电梯在门区外严禁开门。

在符合上述两个要点的条件下，可以通过按开、关门按钮进行门的点动操作，当松开开、关门按钮时，门就会停在原来的位置。

（2）在自动无司机状态（正常状态）时，电梯在下列条件下开门：

① 自动开门。

当电梯到了有指令或同向召唤登记的楼层平层停车时自动开门。当电梯进入低速平层区停站之后，电梯微机主板发出开门指令，门机接收到此信号时自动开门，当门开到位时，开门到位开关发出信号，电梯微机主板得到此信号后停止开门指令信号的输送，开门过程结束。

② 立即开门。

电梯停车时，按开门按钮后电梯立即开门。如在关门过程中或关门后电梯尚未启动的情况下，需要立即开门，此时可按轿厢内操纵箱的开门按钮，电梯微机主板接收到该信号时，立即停止输送关门信号指令，发出开门指令，使门机停止关门并立即开门。

③ 厅外本层开门。

电梯停车时，在没有按关门按钮的情形下，按和运行方向同向的本层召唤按钮，电梯开门。在自动状态时，当在自动关门时或关门后电梯未启动的情况下，按下本层厅外的召唤按钮，电梯微机主板收到该信号后，发出开门指令，使门机停止关门并立即开门。

④ 安全触板或光幕保护开门。

在关门过程中，安全触板或门光幕被人为遮挡时，电梯微机主板收到该信号后，立即停止输送关门信号指令，发出开门信号指令，使门机停止关门并立即开门。

⑤ 连续关门一定的时间（如 8 s）后，门还不能关好，电梯开门。

（3）在自动无司机状态时，电梯在下列条件下关门：

① 自动关门。

在自动状态时，停车平层后门开毕延时一定的时间后，在电梯微机主板内部逻辑的定时控制下，自动输出关门信号，使门机自动关门，门完全关闭后，关门限位开关动作，电梯微机主板得到此信号后停止关门指令信号的输送，关门过程结束。

② 提早关门。

在自动状态时，电梯开门结束后，一般等 6 s 后再自动关门，但此时只要按下轿厢内操纵箱的关门按钮，电梯微机主板收到该信号后，立即输送关门信号指令，使电梯立即关门。

③ 电梯连续开门一定的时间（如 8 s）后，门还不能开好，电梯关门。

（4）非自动状态下，在司机操作、消防操作、独立运行等状态时，开/关门操作有所不同：

① 司机状态的开/关门。

在司机状态时，电梯自动开门，但不再延时 6 s 自动关门，而必须由轿厢内操纵人员持续按下关门按钮才可以关门到位。门没有关到位时不能松开，否则门会自动开启。

② 检修状态的开/关门。

在检修状态时，开/关门只能由检修人员操作开/关门按钮来进行开/关门操作。如果在门开启时检修人员操作上行或下行检修按钮，电梯门此时执行自动关门程序，门自动关闭。

(5) 强迫关门。

电梯在自动状态时，经常发生由于光幕信号或本层开门信号等因素引起的电梯长时间不能关门。在这种情况下，为了保证电梯的正常使用，可配强迫关门功能。即在经过一定时间(通常为 1 min，可用参数设置改变)的等待后，控制系统一边给出蜂鸣信号警告乘客，一边强行给出慢速关门信号，使电梯慢速关门。值得注意的是，配强迫关门功能的电梯，其门机必须具有慢速关门功能。

三、常见故障分析与排除

(一) 电梯快车运行至平层后不关门

电梯运行过后造成电梯不关门的因素有许多。电梯的层门都装设有强迫关门装置，如拉伸弹簧、压缩弹簧、重锤等，都能使没有动力的层门和轿门关闭。有些不关门的故障是由于电梯自身功能造成的，有些则是系统回路造成的，还有一些可能是外界异物所造成的。所以，电梯平层后不关门，一般都是控制系统发出开门指令造成的，但也不排除开关门回路出错和开关门的路程中有异物卡阻。

大致判断的方法：手动轻拉门扇关门，但是门一直有开门的力气存在，就是存在开门指令。此时应该把注意力放在为什么会有开门指令发送给门机驱动器。

1. 消防返基站

为了利于火灾时人员的迅速疏散，拨动消防开关时，电梯即进入消防状态，这是 NICE 电梯控制系统的标准设置。当接收到火警信号后，电梯不再响应任何召唤和其他楼层的内选指令，而是以最快的方式运行到消防基站，开门停梯。一般消防开关设置在电梯的基站(消防层)，基站可以人为设定，但是必须是建筑物或大楼的出入口。消防开关比较容易被误动作。

故障现象：电梯停在 1 楼，门开着不关，内、外呼均无效。

检查方法：回到电梯的基站，手动复位消防开关。

2. 消防员运行

消防部门规定，使用电梯的高层建筑内必须至少有一台电梯能供消防人员灭火专用(又称消防梯)。消防电梯在火警应急返回基站后，消防人员使用专用钥匙开关使电梯进入消防员运行模式，这时没有自动开关门动作，只能通过开关门按钮，点动操作开关门：

① 持续按住关门按钮，电梯开始关门，直至电梯门全部关闭为止。如果在没有关门到位时松开关门按钮，电梯立即开门。

② 当电梯关门到位后，可以进行内选操作。电梯只响应轿内指令，且每次只能登记一个指令(选择多楼层后只响应最近楼层)，再次运行，必须重新登记。

③ 在进行消防服务时，门的保护系统(光电保护、安全触板、本层开门等功能)全部不起作用。

④ 到达目的层站后，电梯也不自动开门，消防人员必须持续按下开门按钮，电梯才能开门。如果在没有开门到位时松开开门按钮，电梯立即关门。

⑤ 消防梯回到消防层后自动开门并保持。只有当电梯开门停在基站时，将消防开关、消防员开关都复位后，电梯才能恢复正常运行。

检查方法：根据以上现象，可以判断电梯是否进入消防员运行模式。

3. 超载保护

GB 7588—2003《电梯制造与安装安全规范》中规定：所谓超载，是指超过额定载荷的 10%，并至少为 75 kg。在超载情况下：

① 轿内应有音响和（或）发光信号通知使用人员。
② 动力驱动自动门应保持在完全打开位置。
③ 手动门应保持在未锁状态。
④ 根据 7.7.2.1 和 7.7.3.1 进行的预备操作应全部取消。

检查方法：根据以上现象进行判断。

4. 司机/独立操作误动作

在司机状态或独立状态下，电梯的门都是处于开门待机状态。所以操纵箱内的操纵盘锁具必须锁紧，钥匙不应留在运行中的自动电梯内。

5. 关门保护装置引起的故障

电梯关门保护装置，一般分为安全触板、光幕和光电，也有将三种组合在一起的，如安全触板加光幕。

关门保护装置一旦动作，控制系统接收到信号后，立刻发出开门指令给门机驱动器，门机即开门。最常用的就是安全触板或光幕，这两种关门保护装置的故障可能原因如下：

① 安全触板故障原因：一般有开关或开关线损坏；开关调整不当导致误动作；安全触板机械调整不当。
② 光幕故障原因：外界光线过强，使得光幕误动作；光幕损坏；光幕上有异物。

6. 轿内开门按钮、层外召唤按钮被操作或没有释放或被摁死

例 3-1 平层后轿厢门能打开，但不关门。

故障分析：能开门但不关门就说明门机变频器输出回路是正常的，首先看有没有导致不能关门的信号影响，例如，是否在超载状态下、是否光幕有阻挡、是否一直有开门按钮信号（开门按钮卡住），如果没有这些影响，微机主板应该在开门后延时几秒就发出关门指令（B2 指示灯亮），门机就响应关门。

检修过程：轿顶接线如图 3-62 所示。在轿顶接线箱观察超载输入信号（X8 指示灯）是否亮，X8 外接的是常闭触点，如果 X8 不亮，表示电梯检测到超载；如果 X8 亮，再观察光幕保护输入信号 X1 是否亮，同样地，X1 外接的是常闭触点，如果 X1 不亮，表示电梯光幕动作了，如果 X1 指示灯亮，表明光幕没有动作；再观察开门按钮指示灯是否常亮。结果发现是开门按钮信号一直有（指示灯常亮），到轿厢里发现开门按钮的触点粘连了，重新更换新的开门按钮，电梯恢复正常。

7. 开门到位信号丢失或关门到位开关误动作

门开足后开门终端开关没有动作或关门限位开关没有复位。

电梯的开门动作一般都按以下顺序执行：开门启动→开门→开门到位→停止。

开门到位信号是门系统反馈给电梯控制系统的一种信号，这种信号一般都以电压的方式传递。如电梯开门后，开门到位信号一直无法反馈给控制系统，则门继续保持开门状态及力矩，直到开门到位信号动作为止。

8. 电梯的关门指令未输出

控制器发出的关门指令电路中断或遭受通信干扰，门扇随行电缆、电线暗断。

单元 3　识读电梯一体化控制系统电气图

9. 电梯的开/关门指令错位

电梯在运行完毕后，因外界原因导致电梯的开/关门指令线路接反。因为电梯待机都是让电梯的门处于关闭状态，同时保证一定的关门保持力矩，让乘客无法用手扒开层门和轿门。如开/关门指令接反，则待机时，控制柜虽然发出关门指令，让电梯门关闭，但是门机驱动器实则接收或执行的是开门指令。

10. 异物卡阻

电梯门导轨或门地坎内存在异物，造成电动机堵转，或导致门负载过电流监控功能（多数调速门机装置都配备）被激活。

（二）电梯不开门

门机不开门故障的原因很多，门机开/关门故障，通过看轿顶板上相应的信号指示灯就能大致判断出故障出自何处。

1. 门机控制器不执行开门命令

检测方法：短接门机控制器输入侧开门指令（DI5）和公共线（COM），确认门机是否执行开门动作。若不开门，表示门机主电路有问题，需检查是否发生了任务 3.7 里所述的门机回路上的任何一种故障，比如门机电源不正常、门机控制器故障和门电动机缺相等。

2. 门机控制器与轿顶板间的连接线断路

检测方法：短接轿顶板 BM 和 B1，观察电梯是否开门。如果不开门，再短接门机上的 DI5 及其公共端，能开门，则表明门机控制器没有开门指令输入。

例 3-2　门机到站平层后不开门。

故障分析：由于门机控制器没有开门指令输入，这就要看轿顶板是否有指令发出，看 B1 指示灯是否亮，如果 B1 不亮就不属于门机控制电路故障，可能是轿顶板出现问题；如果 B1 亮，就是轿顶板发出了开门指令，而门机控制器没有相应的开门指令输入，所以故障原因应该是指令回路的连线松动或断路。

检修过程：如图 3-60 所示，在轿顶接线箱上观察到轿顶板已发出开门指令（B1 亮），在门机控制器上观察（或检测）到 DI5 没有开门指令输入，所以主要检查传送指令的回路。断开主电源，用万用表电阻挡检查 B1-OD（门机控制器的 DI5 端子）、BM-COM 这两条传送电缆是否断路，先检查轿顶接线箱侧的电路是否有问题（B1-3PC：8、BM-3PC：7），如正常再检查门机控制器的 DI5 输入端电路是否正常，如正常则要检查传送电缆。检查两条传送电缆通断的方法是，把轿顶接线箱侧的 B1 从原端子上卸下，然后短接 B1 线到接地桩上，这时在轿顶上可用万用表检测门机侧的 OD 线与轿顶的接地线的回路电阻，假如正常则其电阻值很小，如果为无穷大则存在断路，应该换备用线。用同样的方法可检测 BM 这条电缆。

最后检查发现是轿顶侧的门机控制器相应接线端子 OD（DI5）虚接了，重新接好恢复正常。

3. 电梯控制系统未输出开门指令

检测方法：按下开门按钮，观察 B1 是否亮，如 B1 不亮，表示此时不满足开门条件，比如电梯不在门区平层位置，电梯处于锁梯状态，等等；如果 B1 亮，表明控制系统有输出开门指令，此时用万用表测量 BM 和 B1 之间是否导通，确认轿顶板开门输出继电器是否损坏。

4. 开门到位信号异常

检测方法：用主板上自带的三键小键盘，监控 F-b（或用外接的操纵面板监控 F5-35），观察轿顶板输入/输出状态，确认开关门到位信号与实际开关门状态是否一致。

例 3-3 电梯能运行，但是到达目的楼层平层停车后，门只开了一条小缝就不继续开门了。

故障分析： 电梯能运行，但是开关门不正常，可见开关门系统有不正常现象。门只开了一条小缝，则表明轿顶板发出了开门指令，门机也能执行开门的动作，但是后面的执行过程没完成，所以应该重点检查轿顶板与门机控制器之间的指令及应答过程（轿顶板的 B1、B2、X3、X5）。

检修过程： 仔细观察轿顶板 CTB 的输入与输出指示，发现 X3（开门到位）的指示灯一直就没亮过，所以可用万用表检查 X3 这个端子引线是否存在断线的问题，电路如图 3-60 所示。最后发现是轿顶板上的 X3 这个端子接线存在接触不良，把这个端子重新处理后故障排除。

5. 电梯处于消防员运行状态

检测方法：手动按开门按钮，若能开门，松开后自动关闭，说明电梯处于消防员运行状态。

6. 门地坎异物卡阻、门机械卡阻

检测方法：电源断开后，手动开门，检查是否有机械卡阻现象。

（三）重复开关门

重复开关门的故障也比较常见，常见原因可能有门保护装置故障、关门到位信号故障、门锁不同步等。

1. 门保护装置在关门过程中意外动作

在开关门过程中，如果光幕安装位置不正或安全触板意外碰擦动作，都会造成门保护装置动作，控制系统发出开门指令，但是开门到位后又执行关门动作，造成重复开关门。

2. 关门到位信号异常

当电梯门关闭时，门系统会给控制系统一个关门到位信号，告诉控制系统门已经完全执行完关门任务。但是如果关门到位信号异常或丢失，就会造成重复开关门。

3. 门锁不同步

门的电气联锁装置是用来检测门锁是否机械闭合的，如果是层门还必须满足 GB 7588—2003《电梯制造与安装安全规范》7.7.3.1.1 的要求：轿厢应在锁紧元件啮合不小于 7 mm 时才能启动。如果门执行关门指令，那么当门闭合时肯定必须要保证层门门锁回路接通和轿门门锁回路接通，并且这之间还存在时间差的因素。如果层门门锁和轿门门锁电气触点接通的时间差很大，也会造成重复开关门。

同理，开门时也一样，为避免电梯开门运行，如果存在层门或轿门锁被短接的情况，就会造成重复开关门甚至死机的现象。

（四）关门后不启动

关门后不启动属于较常见但又不简单的问题。与此故障有关的常见原因如下：

（1）根本就没有（或者忘记）登记指令或召唤信号。

（2）轿门、层门电气触点没有接通。本层层门的机械联锁没有调整好，因严重磨损而偏离定位、层门的电气联锁接触不良或触点烧毁；轿门机械尺寸调整不当，传动构件严重磨损导致门扇缝隙过大而使轿门电气触点无法导通；轿门的电气联锁接触不良或触点熔脱；轿门或层门的机械和电气的联锁装置损坏等。

（3）借助于机械的和电气的有无触点导体构成的安全电路没有连通。由于各电梯生产厂商的技术设计风格的差异，在电梯各保护检测设备、装置、印制电路板、器件、触点的编排与连接上也不尽相同，因此熟悉所维修品牌系列电梯的安全电路的各个环节及节点，是胜任本工作的基础前提。

（4）曳引电动机主电路失电或断相，如运行接触器没有吸合、个别触点接触不良、接线端子松动等。

（5）变压变频（VVVF）器或调压（ACVV）器故障，如全部或个别晶闸管组件的门极或大功率晶体管模块的基极没有触发信号等。

（6）电磁机械制动器闸瓦不松开，如电磁铁阻滞、制动器电路故障，或使用液压式机械制动器的电动机不旋转等。

（7）上行与下行限位开关误动作。

引起此类故障稍复杂的原因如下：

（1）上一次运行后，某个电路或某个机械环节没有复位而扰乱了下次运行前的逻辑判断步骤。

（2）突发的印制电路板和功率模块器件损坏。

（3）控制 CPU 与变频 CPU 通信不畅、恶劣干扰。

（4）梯群 CPU 的通信堵塞或调配失灵，特别是群控台数多、客流信息量陡变或程式累积误差出错。

（5）曳引电动机绕组因绝缘老化而发热致击穿或烧毁。

（6）电动机端轴承因缺油或油质蜕变而热胀卡壳不转。

（7）曳引机减速齿轮箱因严重缺油、油质蜕变、轴承严重磨损、蜗轮副或齿轮副啮合变形而发热咬死、夹轴闷车。

（8）选层器信息紊乱，电梯丢失方向。

（9）轿厢印制电路板上利用有别于轿门锁的、验证门关闭的传感器信号，没有上传到主控板。

（10）轿顶通信板损坏等。

现如今，大多数电梯生产厂商均掌握了成熟和完善的编程设计，当微机的监控软件在登记了信号、梯门已关闭的数个扫描周期或一定（乘客承受心理指数）计时内还未收到运行反馈信号，如输入板的门区脱离信号、编码器的速度/距离脉冲信号、变频器的频率输出一致信号等时，会立即启动封锁阻止模块，令电梯启动程序暂停、中止或取消，并马上打开梯门。因此，在遇见这类故障时，已不会像过去那样常常困住乘客了。

（五）线路上的其他故障

例 3-4 到站钟不响。

故障分析： 如图 3-62 所示，造成故障的原因可能是轿顶 24 V 电源不正常，到站钟信号线或到站钟自身存在故障。

检修过程:安全进入轿顶,先用万用表电压挡检查到站钟的工作电源是否正常,如正常则检查到站钟信号线是否断线,测量由轿顶检修箱的 D1 接线端子至到站钟接口 TR2 这一段线路是否正常,如正常则怀疑到站钟自身存在故障,需更换新器件来验证。

最后发现是轿顶检修箱内的 CCM:3 接线端子接触不良,重新整理后故障排除。

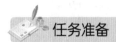

任务准备

1. 轿顶板有哪些输入/输出信号?各自的作用是什么?
2. 轿顶板上有哪些通信接口?
3. 填空题。

(1) NICE 3000^{new} 电梯一体化控制系统主要由电梯一体化控制器、_____、_____、轿内指令板及可选择的提前开门模块、远程监控系统等组成。

(2) 轿顶控制板与一体化控制器采用_____通信,实现轿厢相关部件的信息采集与控制。

(3) 厅外显示板与一体化控制器采用_____通信,只需简单设置地址,即可完成所有楼层外召唤的指令登记与显示。

4. 选择题。

(1) 当轿厢载重达到额定载重量时,满载开关动作。满载开关动作后,( )。
 A. 电梯不再响应内选信号
 B. 电梯只响应外召信号
 C. 电梯不关门,超载铃报警
 D. 电梯不再响应外召信号,只响应内选信号

(2) ( )一般设在自动梯的轿厢底,利用杠杆原理控制开关,有的利用传感器配电子线路构成控制线路,当电梯超过额定载重量时,开关动作,发出警告信号,切断控制电路,使电梯不能启动。在额定载荷下,自动复位。
 A. 停止装置 B. 超载保护装置
 C. 防夹安全保护装置 D. 断带保护

(3) 电梯能开门,但不能自动关门,最有可能的原因是( )。
 A. 开门继电器失灵或损坏
 B. 导向轮轴承严重缺油,有干摩擦现象
 C. 门安全触板或门光电开关(光幕)动作不正确或损坏
 D. 门锁回路继电器有故障

(4) 电梯能关门,但按下开门按钮不开门,最有可能的原因是( )。
 A. 开门按钮触点接触不良或损坏
 B. 关门按钮触点接触不良或损坏
 C. 安全回路发生故障,有关线路断了或松开
 D. 门安全触板或门光电开关(光幕)动作不正确或损坏

(5) 当轿厢载重超过额定载重量时,( )。
 A. 电梯不再响应内选信号

B. 电梯只响应外召信号

C. 电梯不关门，超载铃报警

D. 电梯不再响应外召信号，只响应内选信号

任务实施

1. 识读门机及轿顶板控制回路，完成以下任务。

（1）明确电路所用电气元件的名称及作用，填入表3-26中。

表3-26　电气元件名称、符号、作用、安装位置及数量

序号	名称	符号	作用	安装位置	数量
1					
2					
3					
4					
5					
6					
7					

（2）小组讨论门机及轿顶板控制回路的工作原理。

（3）如果电梯不开门，可能的故障原因是什么？如何检查出具体的故障部位？

2. 如果电路发生如表3-27所示的故障，在表3-27中写出将会出现的故障现象。

表3-27　电梯开关门控制回路故障设置

序号	故障设置	故障现象
1	光幕/安全触板人为动作	
2	光幕/安全触板常开常闭接反	
3	消防动作	
4	超载动作	
5	司机/独立动作	
6	有异物卡阻	
7	开关门指令线接反	
8	开门到位信号线路松动	

续表

序号	故障设置	故障现象
9	开关门指令线路错误	
10	层门/轿门门锁不同步	
11	开门指令信号线路断路/松动	
12	电梯平层信号丢失	

任务3.9 识读呼梯与楼层显示电路

任务描述

识读电梯一体化控制系统呼梯与楼层显示电路，认识电梯轿厢内操纵箱、召唤盒及楼层显示器等电气部件及其所起的作用，掌握呼梯与楼层显示电路的工作原理，能够排除相关电路简单故障。

相关知识

一、认识相关电气元器件

电梯的操纵箱和召唤盒是用户与电梯设备的人机接口，了解接口电路、微机主板接口的含义，可方便地判断故障原因。

电梯的楼层显示器也是一种人机接口，乘客根据电梯的楼层显示才知道轿厢的位置及其运行方向。

1. 操纵箱

操纵箱是集中安装供电梯司机、乘用人员、维修人员操作控制电梯用的器件，是查看电梯运行方向和轿厢所在位置的装置，也是电梯的操作控制平台。操纵箱的结构形式及所包括的电气元件种类、数量与电梯的控制方式、停站层数等有关。常见的电梯操纵箱如图3-66所示。

操纵箱装在电梯轿厢内轿门的侧面。除了迅达Miconic 10系统外的所有电梯，几乎每台电梯都有一只或一只以上的操纵箱。操纵箱主要为电梯司机或乘客提供操作电梯的界面。在操纵箱的面板上，装有与电梯楼层数相同的指令按钮，供司机或乘客选择想去的楼层。还有开、关门按钮，用于操作门的动作。另外，在检修暗盒内（或是在面板上以钥匙开关的形式）装有若干开关，如司机开关、独立运行开关、自动/检修开关（在欧洲的电梯通常没有该开关）、照明开关、风扇开关等，供司机或维修人员使用。现在，大多数操纵箱的上方还装有楼层显示器，以显示电梯的楼层位置和运行方向。操纵箱的面板上，还装有警铃和内部通话装置按钮，在电梯遇到故障或其他紧急状况时，乘客可按该按钮向外面求助。在采用串行通信技术控制系统的电梯中，操纵箱的面板背面通常还装有微机板，负责串行数据通信等工作。

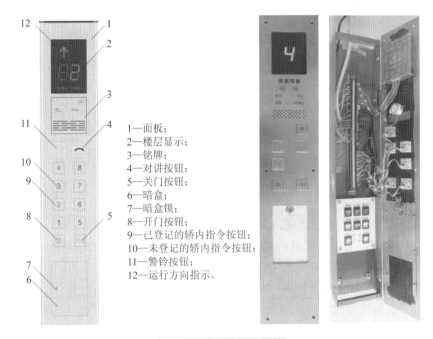

1—面板；
2—楼层显示；
3—铭牌；
4—对讲按钮；
5—关门按钮；
6—暗盒；
7—暗盒锁；
8—开门按钮；
9—已登记的轿内指令按钮；
10—未登记的轿内指令按钮；
11—警铃按钮；
12—运行方向指示。

图 3-66 电梯操纵箱

（1）常用电气元件。

① 电梯司机和乘用人员正常操作的器件。

供电梯司机和乘用人员正常操作的器件安装在操纵箱面板上，包括对应各电梯停靠层站的轿内指令按钮、开门按钮、关门按钮、警铃按钮和对讲按钮，以及查看电梯运行方向和轿厢所在位置的显示器件、对讲装置、蜂鸣器等。

② 电梯司机和维修人员进行非正常操作的器件。

供电梯司机和维修人员进行非正常操作的器件安装在操纵箱下方的暗盒内，设有专用钥匙，一般乘用人员不能打开使用。暗盒内装设的器件包括电梯运行状态控制开关(司机/自动选择、检修/正常选择)、轿内照明开关、轿内风扇开关、急停开关(红色)、检修状态下慢速上/下运行按钮、直驶按钮、专用开关等。

（2）选层与呼梯按钮。

电梯轿厢内的选层按钮和厅门外的呼梯按钮实际上是用户与电梯间的一个人机接口。例如，轿厢停在 1 楼，乘客在 2 楼欲乘电梯到其他楼层，按下 2 楼厅门外的下呼梯按钮，发出呼梯信号，电梯的控制主板检测到信号后作出一个回应，呼梯按钮灯亮，让乘客知道电梯已响应呼梯要求。同理，当电梯到达 2 楼，乘客进入轿厢后，须按下轿厢内操纵箱上代表欲达层站的选层按钮，电梯才会作出相应的响应。常见的电梯按钮如图 3-67 所示，有手按式和轻触式两种。现在许多电梯的按钮已由触摸屏代替。电梯的外呼、内选、开门、关门按钮都有发光二极管作登记记忆显示，类似带灯式按钮。

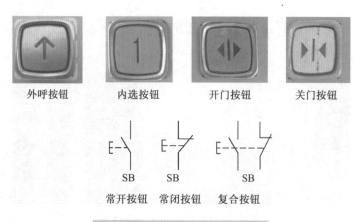

图 3-67 按钮实物及表示符号

(3) 指令板及内选电路。

指令板 MCTC-CCB 是用户与控制系统交互的另一接口,包含 24 个输入、22 个输出接口,其中包括 16 个楼层按钮接口,以及其他 8 个功能信号接口,主要功能是按钮指令的采集和按钮指令灯的输出。指令板外观及尺寸如图 3-68 所示。

所谓内选,是指在轿厢内选择欲达的层站。内选接线如图 3-69 所示。通过级联方式可以实现 40 个层站的使用需求(注意:CN2 端口连接轿顶板的输入,CN1 为级联端口),并可通过并联实现电梯轿厢内主、副操纵箱的使用需求(轿顶板 CN7 接口用于主操纵箱,CN8 接口用于副操纵箱)。开门、关门、司机等按钮只能接在一级指令板上,级联指令板上的 JP17 到 JP24 插槽均无效。

① 副操纵箱操作。

有些轿厢的门较宽,为了便于乘客操作,有时在配有主操纵箱的同时,还在轿门的另一边装有副操纵箱。在全自动状态下,副操纵箱的操作和主操纵箱完全一样。但在有司机或独立运行时,副操纵箱不可以操作。这是因为有司机运行时,电梯的所有操作都由司机一个人完成,而司机一个人只能控制一个操纵箱。

② 残疾人服务功能。

残疾人服务主要针对盲人和坐轮椅的肢残人。对盲人而言,主要增加所有按钮面板上的盲文;对坐轮椅的肢残人,通常增加残疾人操纵箱和残疾人召唤盒。残疾人操纵箱和残疾人召唤盒的安装位置比正常的操纵箱和召唤盒略低,使人坐在轮椅上正好操作。残疾人操纵箱和召唤盒与正常的操纵箱和召唤盒相比,最大的不同是,电梯在响应残疾人操纵箱和召唤盒开门信号后,延长保持开门时间(通常为 10 s,最好能设置和调整)。因为残疾人操纵箱和召唤盒的功能覆盖正常的操纵箱和召唤盒的功能,所以在残疾人操纵箱和召唤盒上登记指令或召唤信号后,在正常的操纵箱和召唤盒上对应的指令或召唤按钮灯也一起点亮;而在正常的操纵箱和召唤盒上登记指令或召唤信号后,在残疾人操纵箱和召唤盒上对应的指令或召唤按钮灯不会点亮。另外,在司机操作和独立运行时,残疾人操纵箱也不起作用。这是因为考虑到此时的一切操作都由司机来执行,而且电梯也不会自动关门。

单元 3　识读电梯一体化控制系统电气图

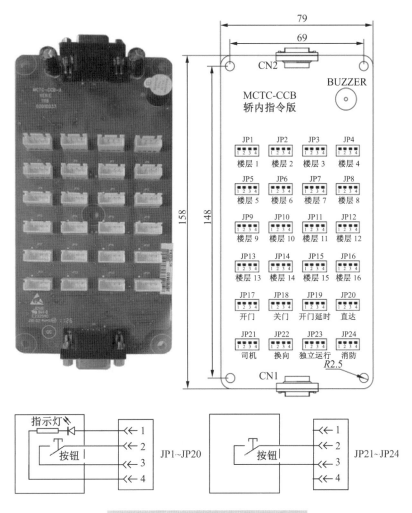

图 3-68　指令板（尺寸单位：mm）

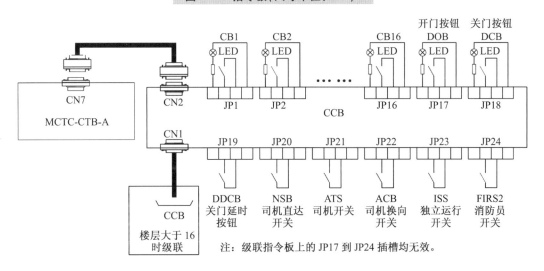

图 3-69　内选接线

2. 召唤盒

层站召唤盒装设在各层站电梯层门旁,是供各层站电梯乘用人员召唤电梯、查看电梯运行方向和轿厢所在位置的装置,用于在厅外显示楼层信号、处理呼梯信号、锁梯信号和消防信号等。

在每层楼的厅门侧面都装有一个召唤盒,各层站召唤盒上装设的器件因控制方式和层站不同而不同。在召唤盒上通常都装有上、下两个召唤按钮(有些情况下只有一个按钮,如顶层或底层,还有下集选方式的电梯也只有一个下召唤按钮),用来给乘客召唤电梯用。各按钮内均装有指示灯,或发红光、蓝光的发光管,基站召唤盒增设一只钥匙开关。召唤盒上装设的电梯运行方向和所在位置显示器件与操纵箱相同,常见的层站召唤盒如图 3-70 所示。

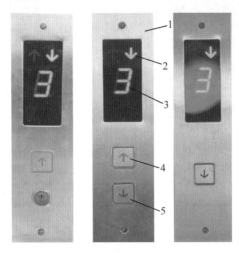

1—面板;2—运行方向指示;3—楼层显示;4—上呼梯按钮;5—下呼梯按钮。

图 3-70 层站召唤盒

楼层显示器用来显示电梯的楼层位置和运行方向。它通常有三种形式,即跳灯方式、七段码方式及二极管点阵方式。现在还采用一些豪华的显示器,如等离子显示器和液晶显示器等。楼层显示器分轿内显示器和层站显示器。轿内显示器大部分装在操纵箱的上端,也有少数装在轿门的上方。现在的层站显示器大多也装在召唤盒上,也有些装在每层楼的厅门上方。其他声光部件主要有到站预报灯、轿厢到站钟、层站到站钟、语音报站装置、蜂鸣器等。轿厢显示器主要用于轿内的电梯楼层和运行方向的显示,有的还有超载灯和消防灯的点灯功能。层站控制器主要负责完成召唤按钮信号的输入和按钮灯的点灯工作,以及层站电梯楼层位置和运行方向的显示工作。另外,锁梯开关的输入、层站到站灯和到站钟信号的输出通常也由层站控制器完成。

(1) 显示控制板。

由于显示板型号众多,这里只介绍显示控制板 MCTC-HCB,它是用户与控制系统交互的重要接口之一,可以在厅外接收用户的召唤及显示电梯所在楼层、运行方向等信息;HCB 楼层显示板也可作为轿内显示板使用。召唤显示板 MCTC-HCB-H 的实物及尺寸如图 3-71 所示。召唤显示板输入/输出端子的定义如表 3-28 所示。

单元 3　识读电梯一体化控制系统电气图

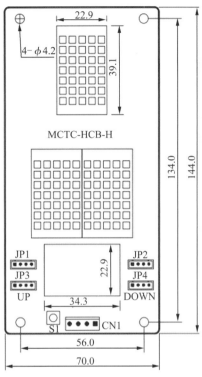

图 3-71　召唤显示板(尺寸单位：mm)

表 3-28　召唤显示板输入/输出端子的定义

端子名称	功能定义	端子接线说明
JP1	锁梯开关接口，2、3 脚为开关量接线引脚，1、4 脚为上行到站灯输出(DC 24 V 输出，带载能力为 40 mA)	上行到站灯　锁梯输入
JP2	消防开关接口，2、3 脚为开关量接线引脚，1、4 脚为下行到站灯输出(DC 24 V 输出，带载能力为 40 mA)	下行到站灯　消防输入

续表

端子名称	功能定义	端子接线说明
JP3	上行召唤按钮接口，2、3 脚为输入开关量接线引脚，1、4 脚为电源接线引脚，用于按钮灯的控制（DC 24 V 输出，带载能力为 40 mA）	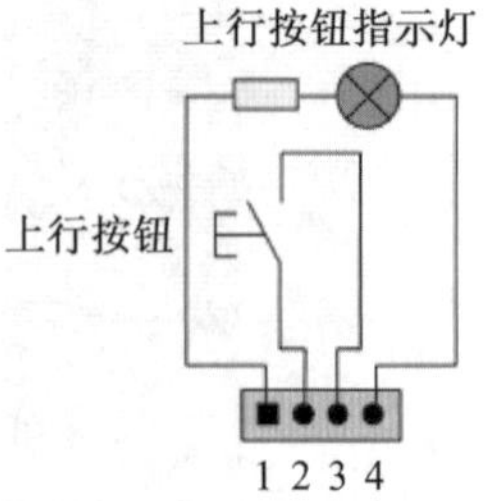 上行按钮指示灯，上行按钮，1 2 3 4
JP4	下行召唤按钮接口，2、3 脚为输入开关量接线引脚，1、4 脚为电源接线引脚，用于按钮灯的控制（DC 24 V 输出，带载能力为 40 mA）	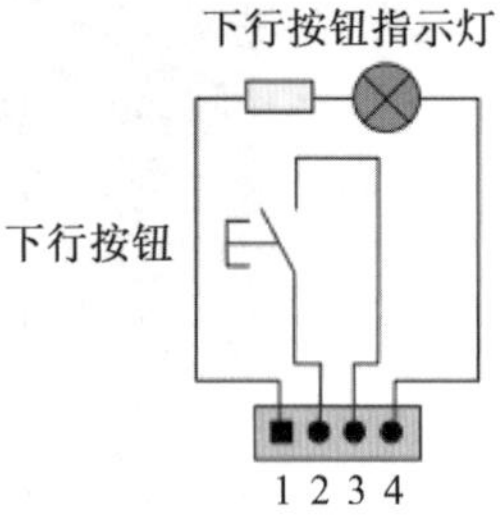 下行按钮指示灯，下行按钮，1 2 3 4
S1	用于楼层地址设定：持续按压按钮调整楼层地址，停止按压，地址闪烁三次储存，设定成功（0~56 范围可设）	 S1
CN1	MODBUS 通信及电源线端子，4PIN 接口，2、3 脚为 MODBUS 通信线引脚，1、4 脚为电源接线引脚	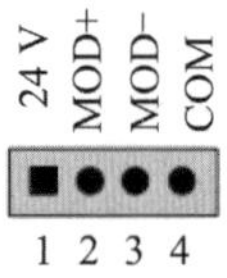 24 V、MOD+、MOD-、COM，1 2 3 4

① 4 个输入端口：锁梯输入、消防输入、上行召唤输入、下行召唤输入。

a. 锁梯开关。一般在基站的呼梯盒上设有锁梯开关，当使用者想关闭电梯时，不论该电梯在哪一层，电梯接到锁梯信号后，就自动返回基站，自动开、关门一次，延时后切断显示、内选及外呼，最后切断电源。

b. 消防开关。一栋大楼无论电梯台数多少，必须至少有一台电梯为消防梯。具有消防运行功能的电梯在基站装有消防开关。平时消防开关用有机玻璃封闭，不能随意拨动开关。而在火灾时打碎面板，按下消防开关，将电梯转入消防运行状态。

② 4 个输出端子：上行按钮灯输出、下行按钮灯输出、上行到站灯输出和下行到站灯输出。

③ 楼层地址设置方式：在楼层显示板上设有楼层存储按钮 S1。轿内显示板地址须为 0，显示板出厂默认地址即为 0，不要设定为其他地址。

④ 电源及通信输入端子：1、4 脚是电源，2、3 脚是通信。

（2）电梯的召唤电路。

所谓外呼，是指在厅门外呼唤电梯到乘客当前所在的楼层，外呼电路如图 3-72 所示。

每层厅门外的召唤盒里都装有一块 HCB 楼层显示板,通过 MODBUS 串行通信与主控板交换信息,在显示楼层及电梯运行方向的同时,接收召唤盒上的上/下行呼梯(基站外的召唤盒上还包括锁梯开关、消防开关)信号。楼层地址设定是通过楼层显示板上的 S1 按钮,最低层地址设为 1,其他层依此类推。比如,电梯最低层是-2 楼,那么,-2 层厅外召唤盒的层显板地址设为 1,-1 层召唤盒的层显板地址设为 2,1 层召唤盒的层显板地址设为 3……1H:1、1H:2 为来自控制柜内开关电源输出的 24 V 电源,供召唤按钮指示灯、层显和方向显示电路使用;MOD+、MOD-为与主控板通信的端子。目前常用的通信线共有四根,其中两根为电源线(24 V,COM),另两根为信号线(MOD+,MOD-)。对于差分信号的通信线,通常采用双绞线,以提高抗干扰能力。

并行通信无论是内选还是外呼电路,每一个信号占用一个接口(一条接线),随着楼层数的增多,势必会产生很多接口与接线,导致设备变得臃肿复杂,所以楼层数多的现代电梯控制系统选层、呼梯电路很多都采用串行通信方式。所谓串行通信,是指数据流以串行的方式在一条信道上进行传输,所有信号源到接收端,可共用一根数据通信线路。串行通信方式更适合高楼层的电梯控制。

在串行通信的电梯控制系统中,除了主控板和轿顶板是 CAN 通信以外,主控板和召唤盒、轿顶板和操纵箱都通过 MODBUS 通信进行信号传送。主控板的 MODBUS 端口负责厅外呼梯的通信,轿顶板的 MODBUS 端口负责与语音报站及轿内显示的通信,不要将轿顶板与主控板的 MODBUS 端口相连接。

三、常见故障分析与排除

轿厢内选指令和层外召唤信号登记不上,这类故障与其他的电梯故障相比较,所处等级和所占比例都不算大,但它的出现轻则妨碍了人们对电梯的操作,重则导致电梯无法正常运行。对此类故障,首先必须确认在电源供给正常的情形下,电梯是否处于以下功能状态中:如检修运行,锁梯停止,紧急电动运行,自学习校正运行,专用独立,火警返回,消防操作运行等;然后辨别是内选指令还是层外召唤,是个别还是一对,是单列还是全部信号登记不上,同时还要排除指令召唤信号灯(如微型灯泡、发光二极管、氖泡)接触不良、接线虚焊或烧毁而造成的信号登记不上的情况,也应摒弃按下本层层外按钮能够开门就表明层外按钮电路正常,与按下本层层外按钮不能开门就反映层外按钮电路不正常的假象(因为有些型号的电梯本层开门与信号登记消除是配置了两种电路,或在微机里设计了不同的程序)。

引发内选指令和层外召唤信号系统故障的原因主要有以下几个方面:
(1) 工作电压丢失。
(2) 带电拔插电路板。
(3) 带电拆卸信号或电源接插件。
(4) 接地线悬浮或虚接。
(5) 高控制电压串入低控制电压。
(6) 信号线负载短路或碰地。
(7) 按钮触点、感应按钮及相应印制电路板上的元件开路或短路。
(8) 按钮的构件卡阻,揿不到位。

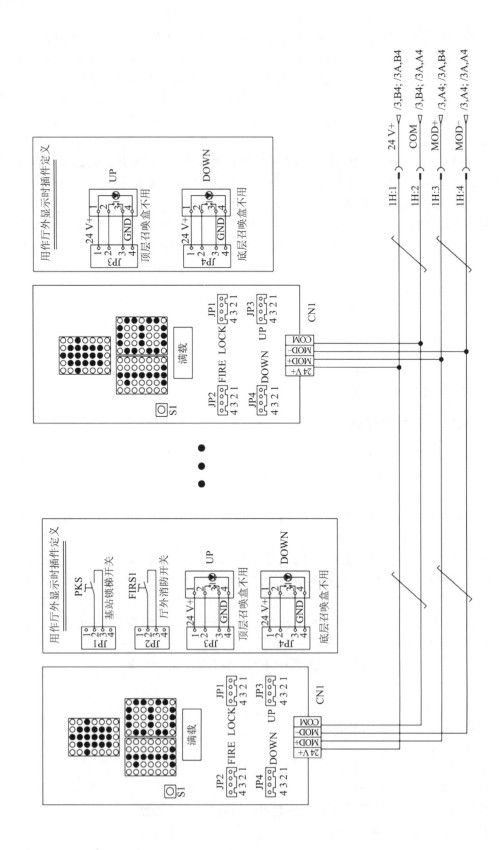

图 3-72 外呼、楼层显示电路

（9）按钮的灵敏度变化，无法激活。
（10）内选指令或厅外召唤信号的接口电路器件或印制电路板损坏。
（11）并行线路或串行线路的接头、插件接触不良。
（12）串行线路的印制电路板编址错误。

一般情况下，全部登记不上与内选指令和层外召唤的供电电源或该信号和主控板的通信线路阻滞中断有关，分别登记不上则与内选指令或层外召唤的对应端口连接或专用电路板有关，个别登记不上则与相关的按钮或按钮元件有关。

例 3-5 1 楼层站无楼层数字显示。

故障分析： 1 楼层站无楼层数字显示，而其余地方的楼层显示器又正常，从电梯外呼、楼层显示电路（图 3-72）分析，微机主板输出的楼层信号是正常的，问题就出自 1 楼的楼层显示相关电路。

检修过程： 断开主电源，用万用表电阻挡检查 1 楼层站的信号线是否有断路现象。层站显示板的电路引线来自井道的接线箱，所以这一段的电路引线需要重点检查。先检查召唤盒的接线端子至显示板端子之间的引线是否正常，如正常则检查井道接线箱内的接线端子至召唤盒内的接线端子之间的引线，如正常则怀疑是显示板本身的故障，需更换新显示板来验证。最后发现是召唤盒内的接线端子接触不良，重新整理后显示器恢复正常。

例 3-6 轿厢内选 2 楼不能选层。

故障分析： 根据图 3-69 可知，造成故障的原因可能有以下几种。
（1）按钮开关损坏。
（2）按钮连接线插头松脱。
（3）按钮与指令板连接线断线。
（4）指令板接口故障。

检修过程： 根据先易后难的检修思路，先检查其他选层按钮是否正常，如正常，表明指令板与轿顶板的通信电缆正常（因为是串行通信，所有信号共用通信线），拔下按钮的插头接线，用万用表电阻挡先检查按钮开关（按钮接口的 2、3 引脚）是否正常，如正常，就检查按钮插头。最后发现是按钮开关接触不良，更换新按钮后电梯恢复正常。

例 3-7 层站 1 楼不能呼梯。

故障分析： 根据图 3-72 可知，造成故障的原因可能有以下几种。
（1）按钮开关损坏。
（2）按钮开关后的插件松脱。
（3）按钮开关连接线断线。

检修过程： 同样可断开按钮的接线，用万用表电阻挡先检查按钮开关（按钮接口的 2、3 引脚）是否正常，如正常就检查按钮接插件是否正常，如正常则检查连接线、接头等是否断线。

经过检测，前两项都正常，那么就须检查连接线是否断线，检查 1 楼井道接线箱至 1 楼层站召唤箱的信号线，发现是井道内的接线箱接线端子存在虚接，重新整理该接线端子后故障排除。

例3-8 轿厢门能自动关门,但手动按关门按钮无效。

故障分析: 轿厢门能自动关门,说明门机系统是正常的,问题可能出自关门按钮的信号通路,应重点检查关门按钮触点、按钮连接线及插件。

检修过程: 先检查关门按钮触点是否良好,如正常则检查按钮后连接线插件是否松脱、信号线是否断线。最后发现是指令板到关门按钮接口的2引脚之间的引线接触不良,重新更换引线插件后关门按钮起作用。

例3-9 轿厢操纵箱司机开关功能无效。

故障分析: 司机操作运行状态时,电梯自动开门,按关门按钮关门,电梯应能响应所有内选、外呼信号。门没有关到位时不能松开关门按钮,否则门会自动开启。此时电梯接到外呼信号时,蜂鸣器响,内选指示灯闪烁,以提示司机有呼梯请求。如果轿厢操纵箱司机开关功能无效,造成故障的原因可能是轿厢操纵箱的司机开关触点损坏、连接插件松脱或连接线断线。

检修过程: 先拆下司机开关的接线,用万用表电阻挡测量开关通断电阻值是否正常,如正常则检查司机开关的插件或连接点是否松脱,如正常则检查连接线是否断线。最后发现是司机开关触点接触不良,更换新开关后司机功能有效。

四、电梯电气实训及考核装置故障设置

故障37#:"司机"。故障现象:必须手按住关门按钮才能关门,如果没有关门到位,一松手门就开了;外呼按了以后,相应楼层的内选灯也会亮,用万用表测量司机开关JP21-2~JP21-3,蜂鸣器响。实际上:

(1)触发轿厢操作面板上的"司机"开关后,电梯进入司机运行控制状态。如果此时电梯处于平层处且电梯门处于关闭状态,电梯门自动打开。

(2)在司机运行状态下,电梯响应所有内选、外呼信号。

(3)在司机状态下,电梯到站后能自动开门,但必须在有内选或外呼并持续按下关门按钮后,电梯才能关门。

(4)复位轿厢操作面板上的"司机"开关后,电梯恢复到自动运行状态。

任务准备

1. 在下端站只装一个(　　)呼梯按钮。
   A. 上行　　　　B. 下行　　　　C. 停止
2. 轿内操纵箱是(　　)电梯运行的控制中心。
   A. 停用　　　　B. 启用　　　　C. 操纵
3. 电梯的电气控制系统有哪些主要的电气部件?
4. 轿厢操纵箱内包含哪些按钮及开关?

任务实施

1. 识读图3-69、图3-72所示的内选接线、外呼接线回路,完成以下任务。

(1)明确电路所用电气元件的名称及作用,填入表3-29中。

表 3-29 电气元件名称、符号、作用、安装位置及数量

序号	名称	符号	作用	安装位置	数量
1					
2					
3					
4					
5					
6					
7					

（2）小组讨论操纵箱和外召回路的工作原理。

2. 如果电路发生下列故障，写出故障排除的方法。

（1）轿门能自动开门，但手动按开门按钮无效。

（2）轿厢内选 1 楼不能选层。

（3）司机功能无效。

（4）轿厢无楼层数字显示。

（5）1 楼层站上外呼不能呼梯。

任务 3.10　识读电梯电气安装接线图

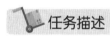
任务描述

识读电梯一体化控制系统电气安装接线图，掌握电梯常用电缆的型号，了解常用的电气布线方法，能识别电梯各电气部件配线线缆。

相关知识

一、电气安装接线图

电气安装接线图主要用于电气设备的安装配线、线路检查、线路维修和故障处理。它是根据电气原理图及电器元件位置图绘制的，在图中要表示出各电气设备、电器元件之间的实际接线情况，并标注出外部接线所需的数据，在电气安装接线图中各电器元件的文字符号、元件连接顺序、线路号码编制都必须与电气原理图一致。

电气安装接线图的绘制原则如下：

（1）绘制电气安装接线图时，各电器元件的位置、外形与位置图中的位置、外形基本一致，不标注电器元件间距尺寸、安装尺寸。

(2) 绘制电气安装接线图时，同一电器元件的各部件根据其实际结构，使用与电路图相同的图形符号画在一起，并用点划线框住，其文字符号及接线端子的编号应与电路原理图中的标注一致。

(3) 接线图中的导线有单根导线、导线组（或线扎）、电缆，可用连续线和中断线来表示。凡导线走向相同的可以绘成一股线，用线束来表示，到达接线端子或电器元件的接线端子处再分别画出。导线组、电缆可用加粗的线条表示，在不引起误解的情况下也可部分加粗。

(4) 接线图中应标出配线用的各种导线的型号、规格、截面积、颜色及绞合等。

(5) 部件的进出线除大截面导线外，都应该过接线端子，不得直接进出。绘制电气安装接线图时，控制柜、接线箱内外的电器元件之间的连线通过接线端子进行连接，有几条接至外电路的引线，接线端子排上就应绘出几个线的节点。

应当注意的是，电气安装接线图不明显表示电器的动作原理。电梯结构按空间布局可分为四部分：机房、井道、轿厢和层站。图3-73就是根据上述原则绘制出的机房电气设备接线示意图。

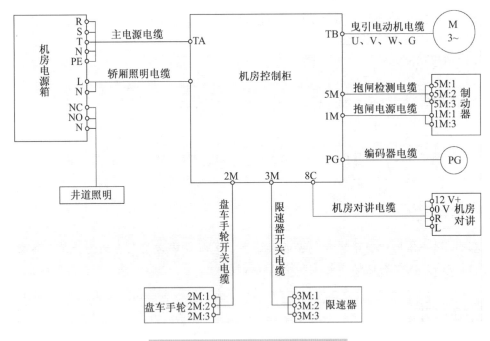

图3-73 机房电气设备接线示意图

二、电缆型号

机房配电箱和控制柜对外接口电缆布置如表3-30所示。

单元3 识读电梯一体化控制系统电气图

表3-30 机房配电箱和控制柜对外接口电缆布置

线槽编号	名称	规格	备注
1	主电源电缆	RVV-3×a+1×b： 当功率<18.5 kW时， RVV-3×6.0 mm² +1×4.0 mm²； 当18.5 kW≤功率≤22 kW时， RVV-3×10.0 mm² +1×6.0 mm²； 当22 kW<功率≤45 kW时， RVV-3×16.0 mm² +1×10.0 mm²	黄、绿、红、黄绿各一根，线径大小与电机功率有关，导线的截面积单位为mm²，下方表格中的线径单位省略
	照明电源电缆	RVV-2×2.0+1×2.0	带接地线
	井道照明电缆	RVV-4×1.5+1×2.0	
2	曳引机电源线	RVV-3×a+1×b	线径与电机功率有关
	限速器开关电缆	RVV-2×0.75+1×2.0	带接地线
	制动器线圈电缆	RVV-2×0.75	
	抱闸检测开关电缆	RVV-2×0.75	
3	井道电源电缆	RVV-2×1.5+1×2.0	带接地线
	井道通信电缆	RVVP-2×2P×0.5	
	锁梯开关电缆	RVV-2×0.75	
	消防、警铃电缆	RVV-6×0.75+1×2.0	带接地线
	层门锁电缆	RVV-2×0.75+1×2.0	带接地线
	底坑电缆	RVV-13×0.75+1×2.0	带接地线
	上终端开关电缆	RVV-8×0.75+1×2.0	带接地线
	随行电缆	TVVBP-30（26×0.75+2×2P×0.75）	带接地线
		TVVBPG-30（26×0.75+2×2P×0.75）	井道高度>50 m时，带接地线

电缆型号中字母的含义：R代表软铜线，V代表聚氯乙烯绝缘，S代表双绞，B代表扁型，P代表屏蔽。

① RV：聚氯乙烯绝缘单芯软线。所谓软线，就是芯线由多股铜丝组成，最高使用温度为65 ℃，最低使用温度为-15 ℃，工作电压为交流250 V、直流500 V，用作仪器和设备的内部接线。

② RVV：聚氯乙烯绝缘聚氯乙烯护套软电缆。RVV线是弱电系统最常用的线缆，外面有绝缘护套。

③ RVVP：铜芯聚氯乙烯绝缘屏蔽聚氯乙烯护套软电缆。又叫作电气连接抗干扰软电缆，额定电压为250 V/450 V。

④ RVSP：双绞屏蔽线。对绞多股屏蔽软线，就是将RVB的软芯撕开，通常是两根对绞。

⑤ BVVR：铜芯聚氯乙烯绝缘聚氯乙烯护套软电线，有外护层。

⑥ BVR：铜芯聚氯乙烯绝缘软电线，只有绝缘层，无外护层。通常说的双塑线是指

BVV 系列，第一个 V 是指聚氯乙烯绝缘，第二个 V 是指聚氯乙烯护套，如果是 BV 系列则是指单塑线。

⑦ KVVP：聚氯乙烯护套编织屏蔽电缆，K 为控制电缆（不标 K 为电力电缆）。

如图 3-74 所示为 TVVB 系列电缆。其中，T 表示电梯的"梯"，第一个 V 表示聚氯乙烯绝缘，第二个 V 表示聚氯乙烯护套，B 表示扁型电缆，P 表示屏蔽，G 表示钢丝加强件。

(a) TVVBP　　　　　(b) TVVBPG　　　　　(c) TVVBG

图 3-74　TVVB 系列电缆

图 3-75 为电梯井道电气安装接线图，图中标有井道各电气部件的安装位置及所配电缆的型号。

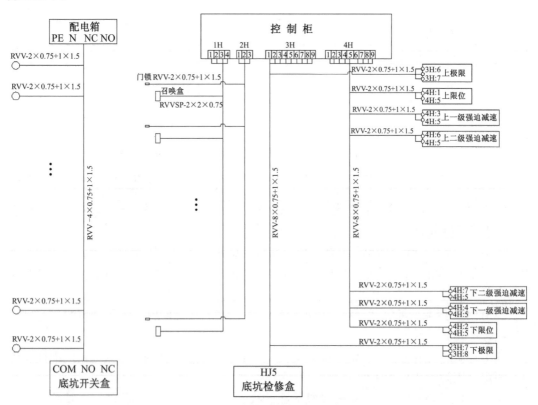

图 3-75　电梯井道电气安装接线图

三、随行电缆

随行电缆是用于电梯控制柜至轿顶接线盒的连接电缆,主要有轿厢门机电源、光幕电源、风扇电源、照明电源、轿厢和控制柜通信、对讲、部分安全回路等。

电梯要经常上下运动,为电梯提供工作电源的电缆线也必然随着上下运动。而且随着科技的发展和人们工作生活的需要,在电梯内也需要有通信及监控等一些活动。

电梯随行电缆是由一根通信线缆与电源线组成的。通信线缆通常为网络数据电缆,内部导体采用单根或绞合软铜丝,导体外部具有绝缘层与护套层。电源线可以根据电源的用途选择不同的规格和型号,电源线导体采用多股绞合结构,柔软性好。在通信线缆与电源线之间由填充的绝缘材料隔离。电梯随行电缆中还含有两根钢丝,作为承重及抗拉元器件使用。

扁型的电梯随行电缆外部保护层对线缆起到至关重要的作用,聚氯乙烯护套不但柔软性好,且弹性强、耐磨、耐弯曲性能强,将数据信号线、电源线、加强元器件完美地结合在一起,且将其相互隔离在同一水平面上,防止信号相互干扰,又减少了施工空间,使施工更方便。

随行电缆安装如图 3-76 所示,控制柜侧的接口为 SUPU 端子,轿顶接线箱侧为 AMP 连接件。随行电缆详情如表 3-31 所示。

四、系统总接线示意图

电梯的电气控制是对各种指令信号、位置信号、速度信号和安全信号进行管理,并对拖动装置和开门机构发出方向、启动、加速、减速、停车和开/关门信号,使电梯按要求运行或处于保护状态,并发出相应的显示信号。

电梯电气控制系统由操纵装置、平层装置、位置显示装置等电器部件和轿厢位置检测电路、轿内选层电路、厅外呼梯电路、开/关门控制电路、门联锁电路、自动定向电路、启动电路、运行电路、换速电路和平层电路等控制环节所组成。

图 3-77 所示为电梯系统总接线示意图。

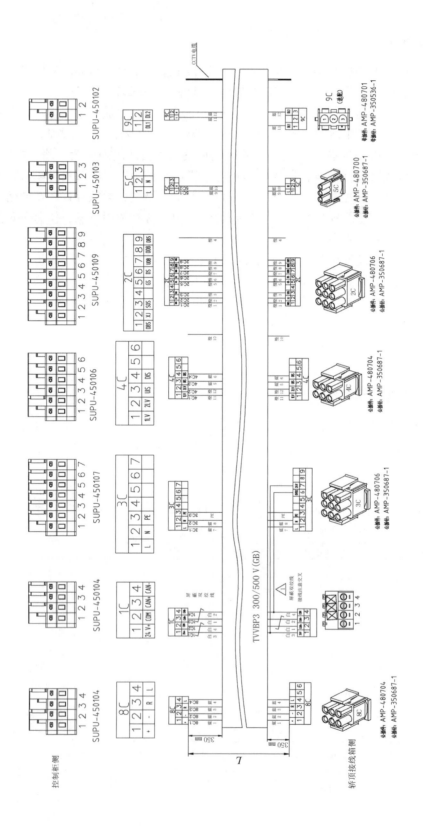

图 3-76 随行电缆

表 3-31 随行电缆

控制柜侧插件	线缆编号	原理图线号	轿顶接线箱侧	功能说明
1C	1	屏蔽线-白 3	24 V+	CTB-CN2	CAN 通信电源线
	2	屏蔽线-白 4	COM		
	3	屏蔽线-白 1	CAN+		CAN 通信信号线
	4	屏蔽线-白 2	CAN-		
2C	1	橙 1	DBS:23	2C:1	紧急电动运行
	2	橙 2	XJ:11	2C:2	轿顶安全 1
	3	橙 3	SOS:3	2C:3	轿顶安全 2
	5	橙 5	GS	2C:5	轿门锁 1
	6	橙 6	DS	2C:6	轿门锁 2
	7	橙 7	UDB:3	2C:7	检修上行
	8	橙 8	DDB:3	2C:8	检修下行
	9	橙 9	DBS:2	2C:9	检修信号
3C	1	蓝 7	L	3C:1	轿厢照明 L*220 V
	2	蓝 8	N	3C:2	轿厢照明 N*220 V
	3	PE	PE	3C:3	PE
4C	1	橙 11	1LV	4C:1	上平层开关
	2	橙 12	2LV	4C:2	下平层开关
	3	蓝 5	UIS	4C:3	上再平层开关(选配)
	4	蓝 6	DIS	4C:4	下再平层开关(选配)
5C	1	蓝 9	L	5C:1	门机、光幕 L*220 V
	2	蓝 10	N	5C:2	门机、光幕 N*220 V
8C	1	蓝 1	+	8C:1	轿厢对讲电源
	2	蓝 2	-	8C:2	
	3	蓝 3	R	8C:3	轿厢对讲信号
	4	蓝 4	L	8C:4	
9C	1	蓝 11	9C:1	9C:1	UCMP 轿门锁 1
	2	蓝 12	9C:2	9C:2	UCMP 轿门锁 2

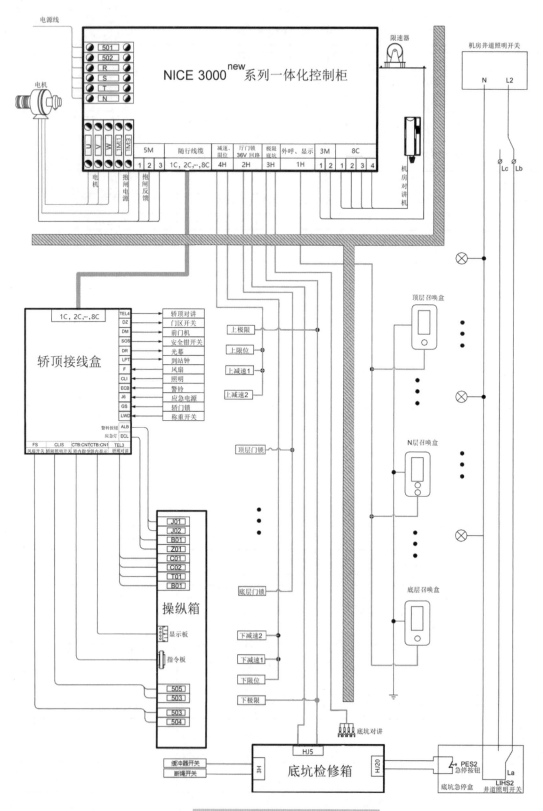

图 3-77 电梯系统总接线示意图

 任务准备

1. 随行电缆的型号为 TVVBG-35(30×0.75+2×2P×0.75+1×2.0)，说明它是_____绝缘、_____护套、_____(外形)电缆，其中有_____对屏蔽线，其线芯的规格是_____ mm²，接地线是_____(颜色)，其线芯的规格是_____ mm²。

2. 电梯控制柜中有哪些电气元件？

3. 电梯机房有哪些电气设备？

4. 电梯轿顶、轿内、轿底有哪些电气设备？

5. 井道有哪些电气设备？

任务实施

1. 识读本单元各电气原理图，参照其他电梯系统的电缆电线图，明确该电梯系统所用电缆的用途、规格型号及起讫点，填入表 3-32 中。

表 3-32 电梯系统所用电缆用途、规格型号及起讫点

序号	电缆编号	用途	规格型号	起点	讫点
1					
2					
3					
4					
5					
6					
7					
8					

2. 参照图 3-78 所示的 NICE 3000 电梯一体化控制系统图和任务 3.1~3.9，画出本单元所示电梯系统的接线示意图。

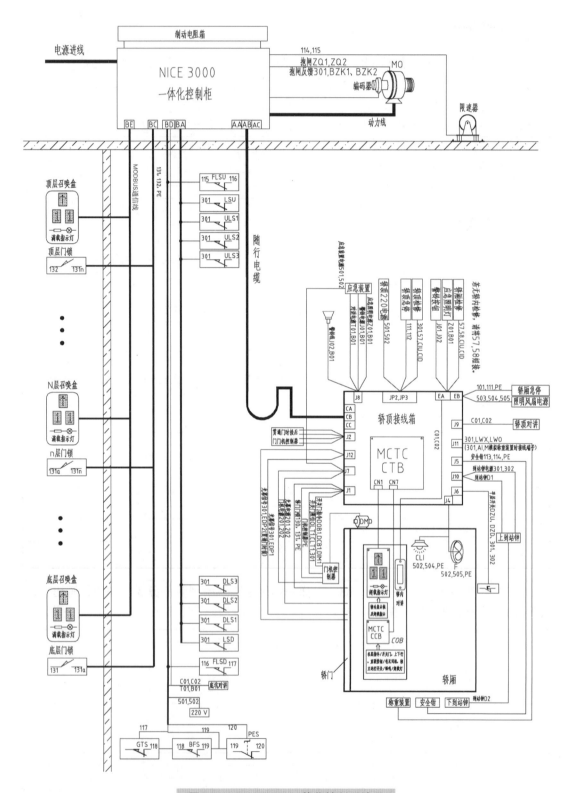

图 3-78 NICE 3000 一体化控制系统图

单元 4 识读自动扶梯电路图

自动扶梯应用广泛，在车站、机场、码头、地铁、商场、天桥等都可见到。电气技术人员应当了解这类电路图的阅读方法。

与电梯的电气控制系统相比，自动扶梯的电气控制系统要简单得多，因为自动扶梯的运行方式相对来说比较简单，工作时主要就是持续地上行或下行运转。

自动扶梯由梯级、曳引链、驱动装置、梯路导轨、金属骨架、梳齿前沿板、扶手装置、润滑系统等组成。它以单速、低噪声、大启动转矩的三相异步电动机作为动力，通过减速机械驱动主轴轮，带动曳引链转动。曳引链带动梯级运动，使得梯级主轮沿着梯路导轨转动，这样就使梯级上升或下降。所以，其电气控制比较简单，按控制元器件不同，可分为继电接触器式、电子式和微机式。目前，其大多采用可编程控制器和单片机控制。

自动扶梯的电力拖动系统，常见的有两种：一种是不含调速系统的拖动系统，即驱动电动机采用直接启动或 Y-△ 降压启动等常规启动方式，在运行过程中转速保持恒定，即自动扶梯的运行速度不能调整；另一种是在一些新型和高档的自动扶梯中，使用的结合变频器的变频调速拖动系统，可以根据人流量的变化，改变电动机的转速，从而调节自动扶梯的运行速度。使用变频调速拖动系统的自动扶梯，从工作角度来说更加合理，但同时也使自动扶梯的结构更加复杂，对技术人员的要求也更高。因此，我们从由继电接触器控制的自动扶梯电路开始学习，因其只有单速，比较简单。

任务 4.1 识读继电接触器式自动扶梯控制电路

任务描述

识读继电接触器式自动扶梯控制电路，明确电路所用电气元件名称及其所起的作用，掌握继电接触器式自动扶梯控制电路的工作原理，能排除继电接触器式自动扶梯控制电路简单故障。

相关知识

自动扶梯控制系统由主电路、控制电路、保护电路和电源电路四大部分组成。由于采用不同的控制方式和元件，不同机型的控制电路、保护电路、电源电路有所不同，但它们所必须完成的功能大同小异，且主电路基本是相同的。

图 4-1 是自动扶梯主电路图，图 4-2 是继电接触器控制电路图。自动扶梯各电气元件名称和文字符号见表 4-1。

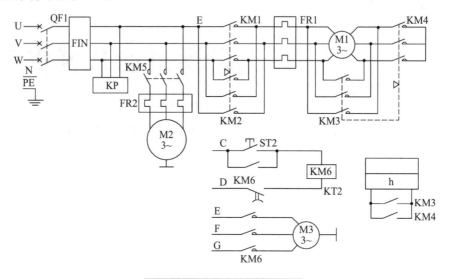

图 4-1　自动扶梯主电路图

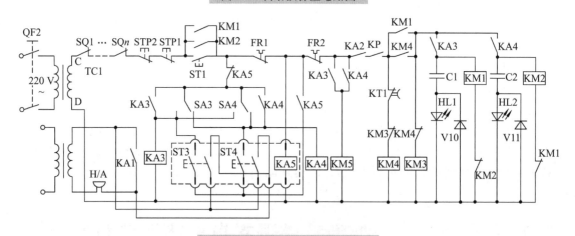

图 4-2　继电接触器控制电路图

1. 主电路分析

图 4-1 是一个最常见的基本电路，它由空气断路器 QF1，漏电保护器 FIN，相序继电器 KP，热继电器 FR1，上、下行接触器 KM1、KM2 的主触头，Y-△变换接触器主触点 KM3、KM4，主拖动电动机 M1，制动电动机 M2（或失电制动器 YB），润滑油泵电动机 M3 等组成。可见，这个主电路具有 Y-△切换降压启动和正反转功能，此外，还有相序保护，正、反转的机械互锁和 Y-△切换机械互锁功能。它在控制电路的作用下完成 Y-△切换降压启动、制动、停止、上/下行、润滑等操作。

表 4-1 自动扶梯电气元件名称及文字符号

文字符号	名称	文字符号	名称
QF1	空气断路器	M1	驱动三相异步电动机
QF2	控制电源断路器	M2	制动电动机
FIN	漏电保护器	M3	润滑油泵电动机
KP	相序继电器	T1	控制电源变压器
KM1	M1 正转接触器（上升）	SQ1~SQn	保护用传感继电器或行程开关常闭触点
KM2	M1 反转接触器（下降）	STP1、STP2	停止按钮
KM3	△接法接触器	SA3、SA4	上行、下行选择开关
KM4	Y 接法接触器	KA1	故障报警中间继电器
KM5	制动控制接触器	KA2	制动器松开到位中间继电器
KM6	润滑油泵接触器	KA3	上行中间继电器
FR1	驱动电动机热继电器	KA4	下行中间继电器
FR2	制动电动机热继电器	KA5	极点高度中间继电器
KT1	KM5 所带动空气阻尼延时断开常闭触点，作为 Y-△切换延时		

2. 控制电路分析

控制电路所要完成的功能如下：

（1）启动。

闭合空气断路器 QF1，电源指示灯（绿灯）亮（闭合 QF1 前只有红灯亮），表示电源接通，相序继电器 KP 检查相序正确时，它的常开触点 KP 闭合。为便于分析正常工作时的状态，先考虑检修盒未插入时的情况（即不考虑图 4-2 中虚线框内的电路），电路如图 4-3 所示。将选择开关 SA3 和 SA4 接到所选方向上，如选在"上行"方向位置。然后，将钥匙插入开关 ST1，这时没有发生过载，热继电器 FR1 常闭触点保持不变，使得 KA3、KM5 得电。KM5 主触点闭合，使制动电动机 M2 启动，带动液压装置使闸瓦制动器松开，让制动轮自由。由于制动轮与主拖动电动机 M1 是同轴连接，拖动电动机 M1 也处于自由状态，为 M1 启动做好准备。当液压装置使闸瓦制动器松开到一定位置，装在液压装置中的连杆上的磁钢与接近开关 SQ15（图中未画出）的径向距离在 8 mm 之内，或者横向靠近 SQ15 的边缘时，接近开关动作，使得中间继电器 KA2 动作，它的常开触点闭合，使得 KM4 得电，它们的主触头闭合，把 M1 接为 Y 接法。KM4 的辅助触点接通 KM1 回路，其主触点闭合，M1 在 Y 接法下启动。由于 KM5 接触器线圈得电，其衔铁也同时带动空气阻尼器开始延时，延时 3~5 s，即在 Y 接法启动时间结束时，其常闭触点 KT1 断开，使得 KM4 断电，断开常开主触头，闭合其常闭触点，使 KM3 得电，将电动机 M1 接成△形继续启动和运行。

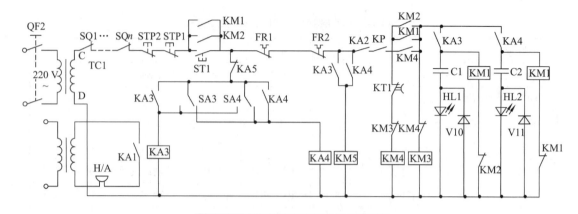

图 4-3　未插入检修盒的工作电路

(2) 停机。

当按下停止按钮 STP1 或 STP2 时，控制电路电源切断，控制电路中的各接触器中间继电器断电，主触头断开，使得 M1、M2 失电，停止转动，制动器抱闸。自动扶梯停止转动，自动扶梯就成为阶梯。

(3) 保护。

自动扶梯应设置的保护很多，可对驱动链断条、梯阶下沉、梳齿板移位、曳引链断条、扶手带进入口异物进入、扶手带断带等故障进行保护。为了在出现上述故障时，自动扶梯能及时切断控制电源，迅速停机，以免发生人身伤亡事故，损坏扶梯零部件，本电路将上述故障检测开关 SQ1~SQn 常闭触点串在控制电路中，一旦发生上述某一个故障，检测开关 SQk 一检测到，就断开其常闭触点，切断控制电路电源，使电动机 M1、M2 停止转动，闸瓦抱闸。此外，还有电动机过载保护、相序保护和断相保护。

(4) 检修调试控制。

当检修调试盒插入时，图 4-4 所示虚线框内的器件接入，中间继电器 KA5 通电，它的常开触点 KA5 闭合，控制电路转换为检修调试工作状态。

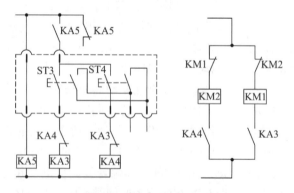

图 4-4　检修盒插入的检修状态

如果按下上行按钮 ST3，则继电器 KA3 通电，它的常闭触点 KA3 断开，常开触点闭合，使得 KM5 得电，电动机 M2 转动，先松开闸瓦制动器，到位后，KA2 得电，常开触点闭合，进行 Y-△ 切换启动运行，同时 ST3 的另一个触点接通警铃回路，进行报警。当断开上行按钮 ST3 时，因 KA3 没有自锁，KA3 断电，扶梯停止运行，这就是点动状态。同样，按下下行按钮 ST4，扶梯下行，也是点动操作方式。当检修调试结束时，把检修盒拔出，图 4-2 所示的虚线框内的元器件就没有，中间继电器 KA5 断电，它的常闭触点闭合，即为图 4-3 所示的电路，转换为正常运行状态控制。

任务准备

1. 简述 Y-△ 电路的工作原理。
2. 扶梯上的安全保护开关有哪些？作用是什么？

任务实施

1. 识读图 4-1、图 4-2，完成以下任务。
（1）明确电路所用电气元件的名称及作用，填入表 4-2 中。

表 4-2　电气元件名称、符号、作用、安装位置及数量

序号	名称	符号	作用	安装位置	数量
1					
2					
3					
4					
5					
6					
7					
8					
9					
10					
11					
12					
13					
14					
15					

（2）小组讨论自动扶梯正常/检修运行的工作原理。

2. 画出扶梯正常上行的运行线路。
3. 画出扶梯检修下行的运行线路。

任务4.2 识读微机控制自动扶梯控制电路

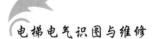
任务描述

识读微机控制自动扶梯控制电路,明确电路所用电气元件名称及其所起的作用,掌握微机控制自动扶梯控制电路的工作原理,能排除微机控制自动扶梯控制电路简单故障。

相关知识

1. 控制电源回路

电梯控制系统中各元件要求的供电电压和功率都不同,所以控制系统应配相应的控制电源回路,如图4-5所示。

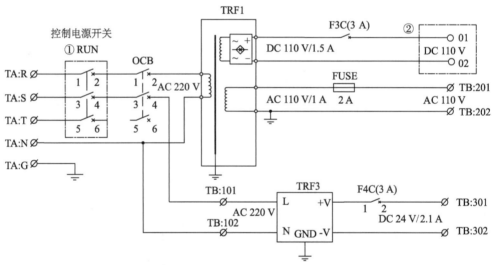

注:
① 空开RUN为安装在控制柜外部的切断电源的独立可上锁的开关。
② 抱闸电源根据用户选择的抱闸电磁铁工作电压不同会有所变化。

图4-5 控制电源回路

自动扶梯供电电源为三相五线制,从端子排 TA 接入控制柜,其中 TA:R、TA:S、TA:T 为三相380 V 交流电,经安装在控制柜外部的控制电源开关(RUN)后,送到控制柜内的断路器 OCB。控制变压器 TRF1 输入端为 220 V,一个输出端通过整流输出 110 V 直流电(线号01、02),再经断路器 F3C,供电梯抱闸回路和直流接触器线圈使用。另一个输出端为 AC 110 V,经熔断器 FUSE 输出 110 V 交流电(线号 TB:201、TB:202),供安全回路、门锁回路和交流接触器线圈使用。开关电源 TRF3,输入端(L、N)直接接自220 V 交流电源,输出端(+V、-V)经断路器 F4C 输出 24 V 直流电,线号为(TB:301、

TB:302），为微机板提供电源。

2. 基本控制回路

基本控制回路如图4-6所示。

微机板电源DC:+、DC:-从端子排TB:301、TB:302接入，为DC 24 V。

输入端连接信号为：

X1：检修信号输入

X2：上行信号输入

X3：下行信号输入

X4：触点粘连信号输入

X5：安全回路信号输入

X14：故障复位信号输入

DI3、DI4：快停循环（配有乘客入口检测装置，当检测到有乘客时，提供信号给主板，启动快速运行；当检测到没有乘客时，经过一段延时后，制停扶梯或转为慢速运行）

CM1：公共点1

Y1：上行接触器输出

Y2：下行接触器输出

Y3：Y接触器输出

Y4：△接触器输出

Y6：抱闸接触器输出

Y8：加油继电器输出

CM2：公共点2

Y9：蜂鸣器输出

Y10：上行方向信号输出（向上方向继电器）

Y11：下行方向信号输出（向下方向继电器）

工作原理说明如下：

（1）自动运行状态：上部航空插座UAP、下部航空插座LAP，这两处都插上Auto Plug插头。

TB:302→ISR:13→ISR:14→UAP:5→UAP:4→AP4→LAP:4→LAP:5→TB:301间为通路，检修继电器ISR线圈得电，ISR(8-12)常开触点闭合，KS-COM与TB:302接通，X1亮。

此时，扶梯上部钥匙开关UKS（或下部钥匙开关）如打到"上行"，则X2亮，上行信号输入有效；如打到"下行"，则X3亮，下行信号输入有效。

（2）检修运行状态：如图4-7所示，上部航空插座UAP处插上检修插头，下部航空插座LAP处仍然插上Auto Plug插头；或者，上部航空插座UAP处仍插上Auto Plug插头，而下部航空插座LAP处插上检修插头。总之，最多只能有一个地点插检修插头，其余的Auto Plug插头仍然保留，才能实现检修运行。下面以前者为例说明扶梯的检修运行工作过程。

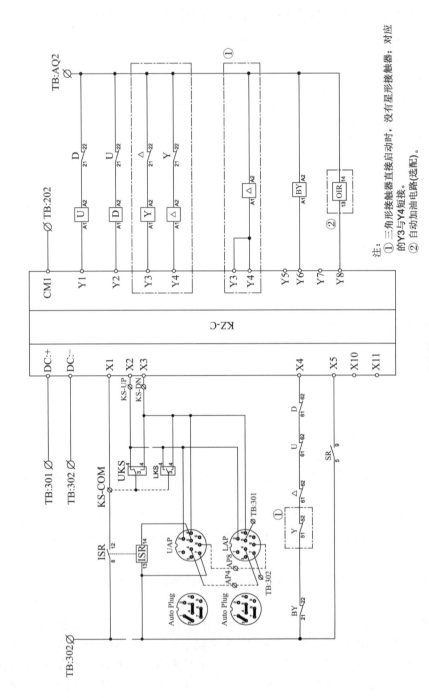

(a) 基本控制回路(Y-Δ)

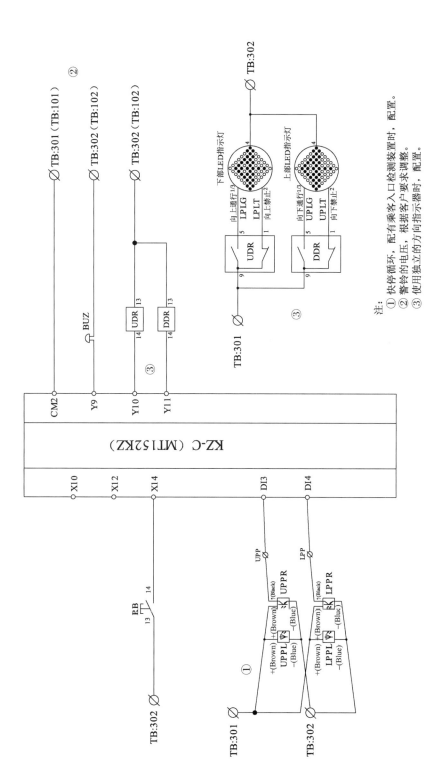

(b) 基本控制回路(基板)

图 4-6 基本控制回路

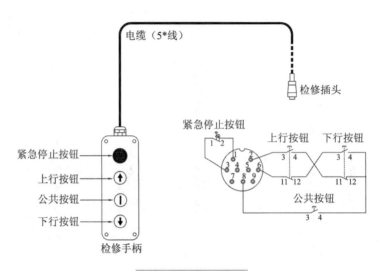

图 4-7 检修插头

从 TB:302→ISR:13→UAP:7，而 ISR:14→UAP:5；因为 UAP 这里的 Auto Plug 插头已拨出，UAP:5 与 UAP:4 不再连通，UAP 现在插的是检修插头，由图 4-7 可见，这时的 UAP:5 与电源 TB:301 不通，所以此时检修继电器 ISR 线圈不得电，ISR(8-12) 常开触点断开，X1 不亮，KS-COM 与 TB:302 不通，无论钥匙开关 UKS(或 LKS)拨到上行还是下行均无效。

此时，LAP 处是自动插头，LAP:7→LAP:8 是通路，电源 TB:302→LAP:7→LAP:8→AP8→UAP:8→检修插头:8→公共按钮(3-4)，然后分成两个回路：

① 检修上行回路：下行按钮(12-11)→上行按钮(4-3)→检修插头:2→X2；② 检修下行回路：下行按钮(4-3)→上行按钮(12-11)→检修插头:6→UAP:6→X3。

上、下行按钮为常开按钮，同时按下公共按钮和上行按钮时，检修上行回路为通路，X2 亮，扶梯上行；同时按下公共按钮和下行按钮时，检修下行回路为通路，X3 亮，扶梯下行。

（3）上、下航空插头都插上检修手柄，因公共按钮处没有电源，故 X2、X3 均不能得电，扶梯不运行。

3. 主回路

主回路如图 4-8 所示。

三相交流电源经空开 RUN(安装在控制柜外部，所以用虚线框)，再经相序继电器 PFR→上下行接触器(U/D 主触点是正反转接法，对调第一、三相相序)→热继电器 OCR→电动机 MT；如果是双驱动回路，再经热继电器 OCR1 至电动机 MT1。Y 是电动机星形连接接触器，启动时闭合；△是电动机三角形连接继电器，正常运行时闭合。

4. 安全回路

扶梯上的安全保护装置是比较齐全的。

（1）上机房安全回路[图 4-9(a)]：TB:201→热继电器 OCR（双驱动时还有 OCR1）→相序继电器 PFR→上部航空插头→上部急停按钮 UESB→安全电路板→盘车手轮→上部停止按钮→上左围裙→上右围裙→上左梳齿→上右梳齿→上左扶手→上右扶手→梯级下陷→驱动链→……（选配）→TB:AQ1。

单元 4 识读自动扶梯电路图

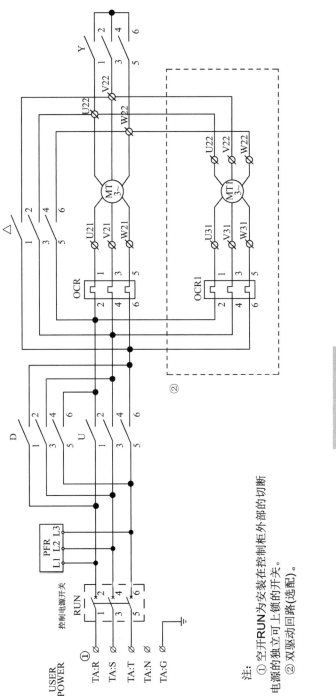

图 4.8 主回路

注：
① 空开 RUN 为安装在控制柜外部的切断电源的独立可上锁的开关。
② 双驱动回路（选配）。

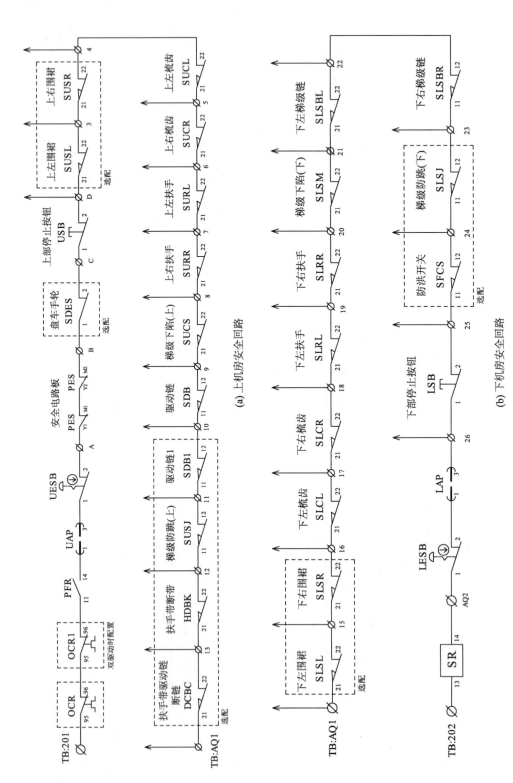

图 4-9 安全回路

(2)下机房安全回路[图 4-9(b)]：TB：AQ1→下左围裙→下右围裙→下左梳齿→下右梳齿→下左扶手→下右扶手→梯级下陷→下左梯级链→下右梯级链→下部停止按钮 LSB→下部航空插头→下部急停按钮 LESB→TB：AQ2→安全继电器线圈 SR：14→SR：13→TB：202。

由上面两个回路可以看出，各安全开关都是串联的，其中任何一个开关动作，都会使 SR 线圈断电，主板 X5 就不会亮。

5. 抱闸回路

抱闸回路如图 4-10 所示。

扶梯上行时，DC 110 V 电源(01)→接触器 U→TB：ZQ1→制动器线圈 B→TB：ZQ2→制动器接触器 BY→DC 110 V 电源(02)为通路。

扶梯下行时，DC 110 V 电源(01)→接触器 D→TB：ZQ1→制动器线圈 B→TB：ZQ2→制动器接触器 BY→DC 110 V 电源(02)为通路。

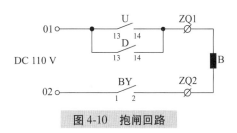

图 4-10　抱闸回路

当接触器 U/D 或 BY 线圈失电时，其常开触点断开，制动器线圈 B 失电、抱闸。

6. 加油回路

加油回路如图 4-11 所示。

加油装置是选配。油泵电机是单相电机，电源电压是从 TB：101、TB：102 引入的交流电 220 V，TB：102 经 1 号端子，送到油泵的一个输入端，油泵的另一端由 TB：101 供电，共有两种加油方式：第一种是手动加油，通过 2 号端子与油泵间的手动开关实现；第二种是微机控制，当检测到油位低于下限时，Y8 有输出，OIR 线圈得电，OIR(5-9)常开触点闭合，油泵启动。

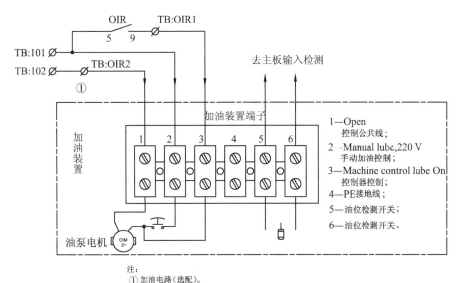

注：
① 加油电路(选配)。

图 4-11　加油回路

任务准备

1. 简述自动扶梯微机主板主要输入/输出端子的用途。
2. 自动扶梯微机主板输入点的电压为多少?输出回路有几种形式的电压?

任务实施

1. 识读图 4-5~图 4-11 所示的微机控制自动扶梯控制电路,完成以下任务。

(1) 明确电路所用电气元件的名称及作用,填入表 4-3 中。

表 4-3 电气元件名称、符号、作用、安装位置及数量

序号	名称	符号	作用	安装位置	数量
1					
2					
3					
4					
5					
6					
7					
8					
9					
10					
11					
12					
13					
14					
15					

(2) 小组讨论微机控制自动扶梯控制电路的工作原理。
(3) 画出扶梯正常上行时的运行线路,写出启动、运行时各器件的动作过程。
(4) 画出扶梯检修下行时的运行线路,写出各器件的动作情况。
(5) 画出控制柜的布置图。

2. 扶梯控制电源回路安装、接线与调试。
3. 扶梯主控制回路安装、接线与调试。
4. 曳引电动机主回路安装、接线与调试。
5. 安全回路、抱闸回路安装、接线与调试。

附 录

附录1 电气控制线路中常用的图形符号、文字符号

名称	图形符号	文字符号 新国际（GB/T 5094—2003~2005 GB/T 20939—2007）	文字符号 旧国际 GB/T 7159—1987	说明
正极	+	—	—	正极
负极	-	—	—	负极
中性（中性线）	N	—	—	中性（中性线）
直流系统电源线	L+ L-	—	—	直流系统正电源线 直流系统负电源线
交流电源三相	L1 L2 L3	—	—	交流系统电源第1相 交流系统电源第2相 交流系统电源第3相
交流设备三相	U V W	—	—	交流系统设备端第1相 交流系统设备端第2相 交流系统设备端第3相
接地	⏚	XE	PE	接地的一般符号
				保护接地
	⏑			保护接地导体
				保护接地端子
电阻	─▭─	RA	R	电阻器的一般符号
	─▭─（带斜线）			可调电阻器
	⌒⌒⌒		L	电感器、线圈、绕组、扼流圈

211

续表

名称	图形符号	文字符号 新国际（GB/T 5094—2003~2005 GB/T 20939—2007）	文字符号 旧国际 GB/T 7159—1987）	说明
电容		CA	C	电容器的一般符号
二极管		RA	V	半导体二极管的一般符号
光电二极管				光电二极管
发光二极管		PG	VL	发光二极管的一般符号
光耦合器		KF	V	光耦合器 光隔离器
电动机	∗	MA 电动机	M	电机的一般符号： 符号内的星号"∗"用下述字母之一代替：C—旋转变流机；G—发电机；GS—同步发电机；M—电动机；MG—能作为发电机或电动机使用的电动机；MS—同步电动机
		GA 发电机	G	
	M 3~	MA	MC	三相鼠笼式感应电动机
	M 3~		MW	三相绕线式转子感应电动机
	M		TG	步进电动机的一般符号
双绕组变压器		TA	T	双绕组变压器画出铁芯 双绕组变压器
自耦变压器			TA	自耦变压器的一般符号（形式1和形式2）

续表

名称	图形符号	文字符号 新国际（GB/T 5094—2003~2005 GB/T 20939—2007）	文字符号 旧国际 GB/T 7159—1987）	说明
电抗器		RA	L	扼流圈、电抗器的一般符号
触点		KF	KA KM KT KI KV 等	动合（常开）触点的一般符号；开关的一般符号
				动断（常闭）触点
单极开关		SF	S	手动操作开关的一般符号
			SA	具有动合触点自动复位的拉拔开关
				具有动合触点但无自动复位的旋转开关
				钥匙动合开关
				钥匙动断开关
隔离开关		QB	QS	单极隔离开关
				三极隔离开关
负荷开关				负荷开关 负荷隔离开关
				具有由内装的量度继电器或脱扣器触发的自动释放功能的负荷开关

续表

名称	图形符号	文字符号 新国际（GB/T 5094—2003~2005 GB/T 20939—2007）	文字符号 旧国际 GB/T 7159—1987）	说明
断路器		QA	QF	断路器
按钮		SF	SB	具有动合触点且自动复位的按钮
				具有动断触点且自动复位的按钮
				具有复合触点且自动复位的按钮
线圈		MB	YA	电磁铁线圈
			YV	电磁阀
			YB	电磁制动器（处于未开动状态）
		KF	KV	欠压继电器线圈，把符号"<"改为">"表示过压继电器线圈
			KI	欠流继电器线圈，把符号"<"改为">"表示过流继电器线圈
接近开关		BG	SQ	接近开关
液位开关			SL	液位开关
光电开关		KF	SP	光电开关

续表

名称	图形符号	文字符号		说明
		新国际 (GB/T 5094— 2003~2005 GB/T 20939—2007)	旧国际 GB/T 7159— 1987)	
位置开关		BG	SQ	位置开关动合(常开)触点
				位置开关动断(常闭)触点
				位置开关复合触点
接触器		QA	KM	线圈
				接触器的主动合触点(在非动作位置触点闭合)
				接触器的主动合触点(在非动作位置触点闭合)
				辅助动合(常开)触点
				辅助动断(常闭)触点
固态继电器		KF	SSR	固态继电器驱动器件
				固态继电器触点

续表

名称	图形符号	文字符号 新国际（GB/T 5094—2003~2005 GB/T 20939—2007）	文字符号 旧国际 GB/T 7159—1987	说明
中间继电器			K	电磁继电器线圈的一般符号
				动合（常开）触点
				动断（常闭）触点
时间继电器		KF	KT	延时释放继电器线圈
				延时吸合继电器线圈
				非延时动合（常开）触点
				非延时动断（常闭）触点
				当操作器件被吸合时延时闭合的动合（常开）触点
				当操作器件被释放时延时断开的动合（常开）触点
				当操作器件被吸合时延时断开的动断（常闭）触点
				当操作器件被释放时延时闭合的动断（常闭）触点

续表

名称	图形符号	文字符号		说明
		新国际 （GB/T 5094—2003～2005 GB/T 20939—2007）	旧国际 GB/T 7159—1987）	
速度继电器		BS	KS	线圈
				动合（常开）触点
				动断（常闭）触点
热继电器		BB	FR	热继电器驱动器件
				热继电器常闭触点
熔断器		FA	FU	熔断器的一般符号
灯信号		EA 照明灯	EL	灯的一般符号，信号灯的一般符号
		PG 指示灯	HL	
电铃		PB	HA	电铃
蜂鸣器			HZ	蜂鸣器

附录2 电梯常用名词术语

一、一般术语

1. 平层准确度 leveling accuracy：轿厢到站停靠后，轿厢地坎上平面与层门地坎上平面之间垂直方向的偏差值。
2. 电梯额定速度 rated speed of lift：电梯设计所规定的轿厢速度。
3. 检修速度 inspection speed：电梯检修运行时的速度。

4. 额定载重量 rated load；rated capacity：电梯设计所规定的轿厢内最大载荷。

5. 电梯提升高度 travelling neight of lift；lifting height of lift：从底层端站楼面至顶层端站楼面之间的垂直距离。

6. 机房 machine room：安装一台或多台曳引机及其附属设备的专用房间。

7. 机房高度 machine room height：机房地面至机房顶板之间的最小垂直距离。

8. 机房宽度 machine room width：机房内沿平行于轿厢宽度方向的水平距离。

9. 机房深度 machine room depth：机房内垂直于机房宽度的水平距离。

10. 机房面积 machine room area：机房的宽度与深度的乘积。

11. 辅助机房；隔层；滑轮间 secondary machine room；secondary floor；pulley room：机房在井道的上方时，机房楼板与井道顶之间的房间。它有隔音的功能，也可安装滑轮、限速器和电气设备。

12. 层站 landing：各楼层用于出入轿厢的地点。

13. 层站入口 landing entrance：在井道壁上的开口部分，它构成从层站到轿厢之间的通道。

14. 基站 main landing；main floor；home landing：轿厢无投入运行指令时停靠的层站。一般位于大厅或底层端站乘客最多的地方。

15. 预定基站 predetermined landing：并联或群控控制的电梯轿厢无运行指令时，指定停靠待命运行的层站。

16. 底层端站 bottom terminal landing：最低的轿厢停靠站。

17. 顶层端站 top terminal landing：最高的轿厢停靠站。

18. 层间距离 floor to floor distance；interfloor distance：两个相邻停靠层站层门地坎之间的距离。

19. 井道 well；shaft；hoistway：轿厢和对重装置或（和）液压缸柱塞运动的空间。此空间以井道底坑的底井道壁和井道顶为界限。

20. 单梯井道 single well：只供一台电梯运行的井道。

21. 多梯井道 multiple well；common well：可供两台或两台以上电梯运行的井道。

22. 井道壁 well enclosure；shaft well：用来隔开井道和其他场所的结构。

23. 井道宽度 well width；shaft width：平行于轿厢宽度方向井道壁内表面之间的水平距离。

24. 井道深度 well depth；shaft depth：垂直于井道宽度方向井道壁内表面之间的水平距离。

25. 底坑 pit：底层端站地板以下的井道部分。

26. 底坑深度 pit depth：由底层端站地板至井道底坑地板之间的垂直距离。

27. 顶层高度 headroom height；height above the highest level served；top height：由顶层端站地板至井道顶部顶板下最突出构件之间的垂直距离。

28. 井道内牛腿；加腋梁 haunched beam：位于各层站出入口下方井道内侧，供支撑层门地坎所用的建筑物突出部分。

29. 围井 trunk：船用电梯用的井道。

30. 围井出口 hatch：在船用电梯的围井上，水平或垂直设置的门口。

31. 开锁区域 unlocking zone：轿厢停靠层站时在地坎上、下延伸的一段区域。当轿厢底在此区域内时门锁方能打开，使开门机动作，驱动轿门、层门开启。

32. 平层 leveling：在平层区域内，使轿厢地坎与层门地坎达到同一平面的运动。

33. 平层区 leveling zone：轿厢停靠站上方和(或)下方的一段有限区域。在此区域内可以用平层装置来使轿厢运行达到平层要求。

34. 开门宽度 door opening width：轿厢门和层门完全开启的净宽。

35. 轿厢入口 car entrance：在轿厢壁上的开口部分，它构成从轿厢到层站之间的正常通道。

36. 轿厢入口净尺寸 clear entrance to the car：轿厢到达停靠站，轿厢门完全开启后，所测得门口的宽度和高度。

37. 轿厢宽度 car width：平行于轿厢入口宽度的方向，在距轿厢底 1 m 高处测得的轿厢壁两个内表面之间的水平距离。

38. 轿厢深度 car depth：垂直于轿厢宽度的方向，在距轿厢底部 1 m 高处测得的轿厢壁两个内表面之间的水平距离。

39. 轿厢高度 car height：从轿厢内部测得地板至轿厢顶部之间的垂直距离(轿厢顶灯罩和可拆卸的吊顶在此距离之内)。

40. 电梯司机 lift attendant：经过专门训练、有合格操作证的授权操纵电梯的人员。

41. 乘客人数 number of passenger：电梯设计限定的最多乘客量(包括司机在内)。

42. 油压缓冲器工作行程 working stroke of oil buffer：油压缓冲器柱塞端面受压后所移动的垂直距离。

43. 弹簧缓冲器工作行程 working stroke of spring buffer：弹簧受压后变形的垂直距离。

44. 轿底间隙 bottom clearances for car：当轿厢处于完全压缩缓冲器位置时，从底坑地面到安装在轿厢底部最低构件的垂直距离(最低构件不包括导靴、滚轮、安全钳和护脚板)。

45. 轿顶间隙 top clearances for car：当对重装置处于完全压缩缓冲器位置时，从轿厢顶部最高部分至井道顶部最低部分的垂直距离。

46. 对重装置顶部间隙 top clearances for counterweight：当轿厢处于完全压缩缓冲器的位置时，对重装置最高的部分至井道顶部最低部分的垂直距离。

47. 对接操作 docking operation：在特定条件下，为了方便装卸货物的货梯，轿门和层门均开启，使轿厢从底层站向上，在规定距离内以低速运行，与运载货物设备相接的操作。

48. 隔层停靠操作 skip-stop operation：相邻两台电梯共用一个候梯厅，其中一台电梯服务于偶数层站，而另一台电梯服务于奇数层站的操作。

49. 检修操作 inspection operation：在电梯检修时，控制检修装置使轿厢运行的操作。

50. 电梯曳引型式 traction types of lift：曳引机驱动的电梯，机房在井道上方的为顶部曳引型式，机房在井道侧面的为侧面曳引型式。

51. 电梯曳引绳曳引比 hoist ropes ratio of lift：悬吊轿厢的钢丝绳根数与曳引轮单侧的钢丝绳根数之比。

52. 消防服务 fireman service：操纵消防开关能使电梯投入消防员专用的状态。

53. 独立操作 independent operation：靠钥匙开关来操纵轿厢内按钮使轿厢升降运行。

二、电梯零部件术语

1. 缓冲器 buffer：位于行程端部，用来吸收轿厢动能的一种弹性缓冲安全装置。
2. 油压缓冲器；耗能型缓冲器 hydraulic buffer；oil buffer：以油作为介质吸收轿厢或对重产生动能的缓冲器。
3. 弹簧缓冲器；蓄能型缓冲器 spring buffer：以弹簧变形来吸收轿厢或对重产生动能的缓冲器。
4. 减振器 vibrating absorber：用来减小电梯运行振动和噪声的装置。
5. 轿厢 car；lift car：运载乘客或其他载荷的轿体部件。
6. 轿厢底；轿底 car platform；platform：在轿厢底部支承载荷的组件。它包括地板、框架等构件。
7. 轿厢壁；轿壁 car enclosures；car walls：由金属板与轿厢底、轿厢顶和轿厢门围成的一个封闭空间。
8. 轿厢顶；轿顶 car roof：在轿厢的上部，具有一定强度要求的顶盖。
9. 轿厢装饰顶 car celling：轿厢内顶部装饰部件。
10. 轿厢扶手 car handrail：固定在轿厢壁上的扶手。
11. 轿顶防护栏杆 car top protection balustrade：设置在轿顶上部，对维修人员起防护作用的构件。
12. 轿厢架；轿架 car frame：固定和支撑轿厢的框架。
13. 开门机 door operator：使轿门和（或）层门开启或关闭的装置。
14. 检修门 access door：开设在井道壁上，通向底坑或滑轮间供检修人员使用的门。
15. 手动门 manually operated door：用人力开关的轿门或层门。
16. 自动门 power operated door：靠动力开关的轿门或层门。
17. 层门；厅门 landing door；shaft door；hall door：设置在层站入口的门。
18. 防火层门；防火门 fire-proof door：能防止或延缓炽热气体或火焰通过的一种层门。
19. 轿厢门；轿门 car door：设置在轿厢入口的门。
20. 安全触板 safety edges for door：在轿门关闭过程中，当有乘客或障碍物触及时，轿门重新打开的机械门保护装置。
21. 铰链门 hinged doors：门的一侧为铰链连接，由井道向通道方向开启的层门。
22. 栅栏门 collapsible door：可以折叠，关闭后成栅栏形状的轿厢门。
23. 水平滑动门 horizontally sliding door：沿门导轨和地坎槽水平滑动开启的门。
24. 中分门 center opening door：层门或轿门，由门口中间各自向左、向右以相同速度开启的门。
25. 旁开门；双折门；双速门 two-speed sliding door；two-panel sliding door；two speed door：层门或轿门的两扇门，以两种不同的速度向同一侧开启的门。
26. 左开门 left hand two speed sliding door：面对轿厢，向左方向开启的层门或轿门。
27. 右开门 right hand two speed sliding door：面对轿厢，向右方向开启的层门或轿门。

28. 垂直滑动门 vertically sliding door：沿门两侧垂直门导轨滑动开启的门。

29. 垂直中分门 bi-parting door：层门或轿门的两扇门，由门口中间以相同的速度各自向上、向下开启的门。

30. 曳引绳补偿装置 compensating device for hoist ropes：用来平衡由于电梯提升高度过高、曳引绳过长造成运行过程中偏重现象的部件。

31. 补偿链装置 compensating chain device：用金属链构成的补偿装置。

32. 补偿绳装置 compensating rope device：用钢丝绳和张紧轮构成的补偿装置。

33. 补偿绳防跳装置 anti-rebound of compensation rope device：当补偿绳张紧装置超出限定位置时，能使曳引机停止运转的电气安全装置。

34. 地坎 sill：轿厢或层门入口处出入轿厢的带槽金属踏板。

35. 轿厢地坎 car sill；plate threshold：轿厢入口处的地坎。

36. 层门地坎 landing sills；sill elevator entrance：层门入口处的地坎。

37. 轿顶检修装置 inspection device on top of the car：设置在轿顶上部，供检修人员检修时应用的装置。

38. 轿顶照明装置 car top light：设置在轿顶上部，供检修人员检修时照明的装置。

39. 底坑检修照明装置 light device of pit inspection：设置在井道底坑，供检修人员检修时照明的装置。

40. 轿厢内指层灯；轿厢位置指示 car position indicator：设置在轿厢内，显示其运行层站的装置。

41. 层门门套 landing door jamb：装饰层门门框的构件。

42. 层门指示灯 landing indicator；hall position indicator：设置在层门上方或一侧，显示轿厢运行层站和方向的装置。

43. 层门方向指示灯 landing direction indicator：设置在层门上方或一侧，显示轿厢运行方向的装置。

44. 控制屏 control panel：有独立的支架，支架上有金属绝缘底板或横梁，各种电子器件和电器元件安装在底板或横梁上的一种屏式电控设备。

45. 控制柜 control cabinet；controller：各种电子器件和电器元件安装在一个有防护作用的柜形结构内的电控设备。

46. 操纵箱；操纵盘 operation panel；car operation panel：用开关、按钮操纵轿厢运行的电气装置。

47. 警铃按钮 alarm button：设置在操纵盘上操纵警铃的按钮。

48. 停止按钮；急停按钮 stop button；stop switch；stopping device：能断开控制电路使轿厢停止运行的按钮。

49. 邻梯指示灯 position indicator of adjacent car：在轿厢内反映相邻轿厢运行状态的指示装置。

50. 梯群监控盘 group control supervisory panel；monitor panel：梯群控制系统中，能集中反映各轿厢运行状态，可供管理人员监视和控制的装置。

51. 曳引机 traction machine；machine driving；machine：包括电动机、制动器和曳引轮在内的靠曳引绳和曳引轮槽摩擦力驱动或停止电梯的装置。

52. 有齿轮曳引机 geared machine：电动机通过减速齿轮箱驱动曳引轮的曳引机。

53. 无齿轮曳引机 gearless machine：电动机直接驱动曳引轮的曳引机。

54. 曳引轮 driving sheave；traction sheave：曳引机上的驱动轮。

55. 曳引绳 hoist ropes：连接轿厢和对重装置，并靠与曳引轮槽的摩擦力驱动轿厢升降的专用钢丝绳。

56. 绳头组合 rope fastening：曳引绳与轿厢、对重装置或机房承重梁连接用的部件。

57. 端站停止装置 terminal stopping device：当轿厢将到达端站时，强迫其减速并停止的保护装置。

58. 平层装置 leveling device：在平层区域内，使轿厢达到平层准确度要求的装置。

59. 平层感应板 leveling inductor plate：可使平层装置动作的金属板。

60. 极限开关 final limit switch：当轿厢运行超越端站停止装置时，在轿厢或对重装置未接触缓冲器之前，强迫切断主电源和控制电源的非自动复位的安全装置。

61. 超载装置 overload device；overload indicator：当轿厢超过额定载重量时，能发出警告信号并使轿厢不能运行的安全装置。

62. 称量装置 weighing device：能检测轿厢内荷载值，并发出信号的装置。

63. 召唤盒；呼梯按钮 calling board；hall buttons：设置在层站门一侧，召唤轿厢停靠在呼梯层站的装置。

64. 随行电缆 traveling cable：连接于运行的轿厢底部与井道固定点之间的电缆。

65. 随行电缆架 traveling cable support：在轿厢底部架设随行电缆的部件。

66. 钢丝绳夹板 rope clamp：夹持曳引绳，能使绳距和曳引轮绳槽距一致的部件。

67. 绳头板 rope hitch plate：架设绳头组合的部件。

68. 导向轮 deflector sheave：为增大轿厢与对重之间的距离，使曳引绳经曳引轮再导向对重装置或轿厢一侧而设置的绳轮。

69. 复绕轮 secondary sheave；double wrap sheave；sheave traction secondary：为增大曳引绳对曳引轮的包角，将曳引绳绕出曳引轮后经绳轮再次绕入曳引轮，这种兼有导向作用的绳轮为复绕轮。

70. 反绳轮 diversion sheave：设置在轿厢架和对重框架上部的动滑轮。根据需要曳引绳绕过反绳轮可以构成不同的曳引比。

71. 导轨 guide rails；guide：供轿厢和对重运行的导向部件。

72. 空心导轨 hollow guide rail：由钢板经冷轧折弯成空腹 T 型的导轨。

73. 导轨支架 rail brackets；rail support：固定在井道壁或横梁上，支撑和固定导轨用的构件。

74. 导轨连接板（件）fishplate：紧固在相邻两根导轨的端部底面，起连接导轨作用的金属板（件）。

75. 导轨润滑装置 rail lubricate device：设置在轿厢架和对重框架上端两侧，为保持导轨与滑动导靴之间有良好润滑的自动注油装置。

76. 承重梁 machine supporting beams：敷设在机房楼板上面或下面，承受曳引机自重及其负载的钢梁。

77. 底坑护栏 pit protection grid：设置在底坑，位于轿厢和对重装置之间，对维修人员起防护作用的栅栏。

78. 速度检测装置 tachogenerator：检测轿厢运行速度，将其转变成电信号的装置。

79. 盘车手轮 handwheel；wheel；manual wheel：靠人力使曳引轮转动的专用手轮。

80. 制动器扳手 brake wrench：松开曳引机制动器的手动工具。

81. 机房层站指示器 landing indicator of machine room：设置在机房内，显示轿厢运行所处层站的信号装置。

82. 选层器 floor selector：一种机械或电气驱动的装置。用于执行或控制下述全部或部分功能：确定运行方向、加速、减速、平层、停止、取消呼梯信号、门操作、位置显示和层门指示灯控制。

83. 钢带传动装置 tape driving device：通过钢带，将轿厢运行状态传递到选层器的装置。

84. 限速器 overspeed governor；governor：当电梯的运行速度超过额定速度一定值时，其动作能导致安全钳起作用的安全装置。

85. 限速器张紧轮 governor tension pulley：张紧限速器钢丝绳的绳轮装置。

86. 安全钳装置 safety gear：限速器动作时，使轿厢或对重停止运行保持静止状态，并能夹紧在导轨上的一种机械安全装置。

87. 瞬时式安全钳装置 instantaneous safety gear：能瞬时使夹紧力达到最大值，并能完全夹紧在导轨上的安全钳。

88. 渐进式安全钳装置 progressive safety gear；gradual safety：采取特殊措施，使夹紧力逐渐达到最大值，最终能完全夹紧在导轨上的安全钳。

89. 钥匙开关盒 key switch board：一种供专职人员使用钥匙才能使电梯投入运行或停止的电气装置。

90. 门锁装置；联锁装置 door interlock；locks；door locking device：轿门与层门关闭后锁紧，同时接通控制回路，轿厢方可运行的机电联锁安全装置。

91. 层门安全开关 landing door safety switch：当层门未完全关闭时，使轿厢不能运行的安全装置。

92. 滑动导靴 sliding guide shoe：设置在轿厢架和对重装置上，其靴衬在导轨上滑动，使轿厢和对重装置沿导轨运行的导向装置。

93. 靴衬 guide shoe busher；shoe guide：滑动导靴中的滑动摩擦零件。

94. 滚轮导靴 roller guide shoe：设置在轿厢架和对重装置上，其滚轮在导轨上滚动，使轿厢和对重装置沿导轨运行的导向装置。

95. 对重装置；对重 counterweight：由曳引绳经曳引轮与轿厢相连接，在运行过程中起平衡作用的装置。

96. 消防开关盒 fireman switch board：发生火警时，可供消防人员将电梯转入消防状态使用的电气装置。一般设置在基站。

97. 护脚板 toe guard：从层站地坎或轿厢地坎向下延伸，并具有平滑垂直部分的安全挡板。

98. 挡绳装置 ward off rope device：防止曳引绳越出绳轮槽的安全防护部件。

99. 轿厢安全窗 top car emergency exit；car emergency opening：在轿厢顶部向外开启的

封闭窗，供安装、检修人员使用或发生事故时救援和撤离乘客的轿厢应急出口。窗上装有当窗扇打开即可断开控制电路的开关。

100. 轿厢安全门；应急门 car emergency exit；emergency door：同一井道内有多台电梯，在相邻轿厢壁上并向内开启的门，供乘客和司机在特殊情况下离开轿厢，而改乘相邻轿厢的安全出口。门上装有当门扇打开即可断开控制电路的开关。

101. 近门保护装置 proximity protection device：设置在轿厢出入口处，在门关闭过程中，当出入口有乘客或障碍物时，通过电子元件或其他元件发出信号，使门停止关闭，并重新打开的安全装置。

102. 紧急开锁装置 emergency unlocking device：为应急需要，在层门外借助层门上三角钥匙孔可将层门打开的装置。

103. 紧急电源装置；应急电源装置 emergency power device：电梯供电电源出现故障而断电时，供轿厢运行到邻近层站停靠的电源装置。

三、控制方式常用术语

1. 手柄开关操纵；轿内开关控制 car handle control；car switch operation：电梯司机转动手柄位置(开断/闭合)来操纵电梯运行或停止。

2. 按钮控制 pushbutton control；pushbutton operation：电梯运行由轿厢内操纵盘上的选层按钮或层站呼梯按钮来操纵。某层站乘客将呼梯按钮揿下，电梯就启动运行去应答。在电梯运行过程中如果有其他层站呼梯按钮揿下，控制系统只能把信号记录下来，不能去应答，而且也不能把电梯截住，直到电梯完成前应答运行层站之后方可应答其他层站呼梯信号。

3. 信号控制 signal control；signal operation：把各层站呼梯信号集合起来，将与电梯运行方向一致的呼梯信号按先后顺序排列好，电梯依次应答接运乘客。电梯运行取决于电梯司机操纵，而电梯在何层站停靠由轿厢操纵盘上的选层按钮信号和层站呼梯按钮信号控制。电梯往复运行一周可以应答所有呼梯信号。

4. 集选控制 collective selective control；selective collective automatic operation：在信号控制的基础上把呼梯信号集合起来进行有选择的应答。电梯为无司机操纵。在电梯运行过程中可以应答同一方向所有层站呼梯信号和按照操纵盘上的选层按钮信号停靠。电梯运行一周后若无呼梯信号就停靠在基站待命。为适应这种控制特点，电梯在各层站的停靠时间可以调整，轿门设有安全触板或其他近门保护装置，以及轿厢设有过载保护装置等。

5. 下集合控制 down-collective control；down-collective automatic operation：集合电梯运行下方向的呼梯信号，如果乘客欲从较低的层站到较高的层站去，须乘电梯到底层基站后再乘电梯到要去的高层站。

6. 并联控制 duplex/triplex control：共用一套呼梯信号系统，把两台或三台规格相同的电梯并联起来控制。无乘客使用电梯时，经常有一台电梯停靠在基站待命，称之为基梯；另一台电梯则停靠在行程中间预先选定的层站，称之为自由梯。当基站有乘客使用电梯并启动后，自由梯即刻启动前往基站充当基梯待命。当有除基站外其他层站呼梯时，自由梯就近先行应答，并在运行过程中应答与其运行方向相同的所有呼梯信号。如果自由梯运行时出现与其运行方向相反的呼梯信号，则在基站待命的电梯就启动前往应答。先完成应答任务的电梯就近返回基站或中间选下的层站待命。

7. 梯群控制；群控 group control for lifts；group automatic operation：具有多台电梯客流量大的高层建筑物中，把电梯分为若干组，每组4~6台电梯，将几台电梯控制连在一起，分区域进行有程序或无程序综合统一控制，对乘客需要电梯的情况进行自动分析后，选派最适宜的电梯及时应答呼梯信号。

四、自动扶梯和自动人行道术语

1. 自动扶梯 escalator：带有循环运行梯级，用于向上或向下倾斜输送乘客的固定电力驱动设备。

2. 自动人行道 passenger conveyor：带有循环运行（板式或带式）走道，用于水平或倾斜角不大于12°，输送乘客的固定电力驱动设备。

3. 倾斜角 angle of inclination：梯级、踏板或胶带运行方向与水平面构成的最大角度。

4. 自动扶梯提升高度 rise of escalator：自动扶梯进出口两楼层板之间的垂直距离。

5. 自动扶梯额定速度 rated speed of escalator：自动扶梯设计所规定的空载速度。

6. 理论输送能力 theoretical capacity：自动扶梯或自动人行道，在每小时内理论上能够输送的人数。

7. 扶手装置 balustrades：在自动扶梯或自动人行道两侧，对乘客起安全防护作用，也便于乘客站立扶握的部件。

8. 扶手带 handrail：位于扶手装置的顶面，与梯级踏板或胶带同步运行，供乘客扶握的带状部件。

9. 扶手带入口保护装置 handrail entry guard：在扶手带入口处，当有手指或其他异物被夹入时，能使自动扶梯或自动人行道停止运行的电气装置。

10. 扶手带断带保护装置 control guard for handrail breakage：当扶手带断裂时，能使自动扶梯或自动人行道停止运行的电气装置。

11. 护壁板；护栏板 interior panelling：在扶手带下方，装在内侧盖板与外侧盖板之间的装饰护板。

12. 围裙板 skirting；skirt panel：与梯级、踏板或胶带两侧相邻的金属围板。

13. 围裙板安全装置 skirt safety device；skirt panel switch；skirt panel safety device：当梯级、踏板或胶带与围裙板之间有异物夹住时，能使自动扶梯或自动人行道停止运行的电气装置。

14. 内侧盖板 interior profile；inner deck：在护壁板内侧连接围裙板和护壁板的金属板。

15. 外侧盖板 balustrade decking；outer deck：在护壁板外侧、外装饰板上方，连接装饰板和护壁板的金属板。

16. 外装饰板 balustrade exterior panelling：从两外侧盖板起，将自动扶梯或自动人行道封闭起来的装饰板。

17. 桁架；机架 truss；supporting structure：架设在建筑结构上，供支撑梯级、踏板、胶带及运行机构等部件的金属结构件。

18. 中心支撑；中间支撑；第三支撑 centre support；intermediate support：在自动扶梯两端支承之间，设置在桁架底部的支撑物。

19. 梯级 step：在自动扶梯桁架上循环运行，供乘客站立的部件。

20. 梯级踏板 step tread：带有与运行方向相同齿槽的梯级水平部分。

21. 梯级踢板 step riser：带有齿槽的梯级垂直部分。

22. 梯级、踏板塌陷保护装置 step or pallets sagging guard：当梯级或踏板任何部位断裂下陷时，使自动扶梯或自动人行道停止运行的电气装置。

23. 驱动链保护装置 drive chain guard：当梯级驱动链或踏板驱动链断裂或过分松弛时，能使自动扶梯或自动人行道停止的电气装置。

24. 梯级导轨 step track：供梯级滚轮运行的导轨。

25. 梯级水平移动距离 step of horizontally moving distance；horizontally step run：为使梯级在出入口处有一个导向过渡段，从梳齿板出来的梯级前缘和进入梳齿板梯级后缘的一段水平距离。

26. 踏板 pallets：循环运行在自动人行道桁架上，供乘客站立的板状部件。

27. 胶带 belt：循环运行在自动人行道桁架上，供乘客站立的胶带状部件。

28. 梳齿板 combs：位于运行的梯级或踏板出入口，为方便乘客上下过渡，与梯级或踏板相啮合的部件。

29. 楼层板 floor plate：设置在自动扶梯或自动人行道出入口，与梳齿板连接的金属板。

30. 梳齿板安全装置 comb safety device；comb contact：当梯级、踏板或胶带与梳齿板啮合卡入异物有可能造成事故时，能使自动扶梯或自动人行道停止运行的电气装置。

31. 驱动组机；驱动装置 driving machine：驱动自动扶梯或自动人行道运行的装置。

32. 附加制动器 auxiliary brake：当自动扶梯提升高度超过一定值时，或在公共交通用自动扶梯和自动人行道上，增设的一种制动器。

33. 主驱动链保护装置 main drive chain guard；broken drive chain contact：当主驱动链断裂时，能使自动扶梯或自动人行道停止运行的电气装置。

34. 超速保护装置 escalator overspeed governor；overspeed governor switch：当自动扶梯或自动人行道运行速度超过限定值时，能自动切断电源的装置。

35. 非操纵逆转保护装置 unintentional reversal of the direction of travel；direction reversal device：在自动扶梯或自动人行道运行中非人为地改变其运行方向时，能使其停止运行的装置。

36. 手动盘车装置；盘车手轮 hand winding device；handwheel：靠人力使驱动装置转动的专用手轮。

37. 检修控制装置 inspection control device：利用检修插座，在检修自动扶梯或自动人行道时的手动控制装置。

附录3 NICE 3000 电梯控制柜功能

标准功能

序号	功能名称	功能介绍	备注
1	检修运行	电梯进入检修状态，系统取消自动运行及自动门的操作。按上行（或下行）按钮可使电梯以检修速度点动向上（或向下）运行。松开按钮电梯立即停止运行	标准设置
2	直接停靠运行	以距离为原则，自动运算生成从启动到停车的平滑曲线，没有爬行，直接停靠在平层位置	标准设置
3	最佳曲线自动生成	系统根据需要运行的距离，自动运算出最适合人机功能原理的曲线，没有个数的限制，而且不受短楼层的限制	标准设置
4	自救平层运行	当电梯处于非检修状态下，且未停在平层区时，只要符合启动的安全要求，电梯将自动以慢速运行至最近平层区，然后开门	标准设置
5	司机操作运行	通过操纵箱拨动开关可以选择司机操作。电梯可由司机选择运行方向和其他功能（比如直驶功能），电梯的关门是在司机持续按关门按钮的条件下进行的	标准设置
6	消防返基站	接收到火警信号以后，电梯不再响应任何召唤和其他楼层的内选指令，以最快的方式运行到消防基站后，开门停梯	标准设置
7	消防员运行	在消防员操作模式下，没有自动开关门动作，只有通过开关门按钮，点动操作才使开关门动作。这时电梯只响应轿内指令，且每次只能登记一个指令。只有当电梯开门停在基站时，将消防开关、消防员开关都恢复后，电梯才能恢复正常运行	功能选择
8	测试运行	测试运行包括新电梯的疲劳测试运行、禁止外召响应、禁止开关门、屏蔽端站限位开关、屏蔽超载信号等	功能选择
9	独立运行	电梯不接受外界召唤，不能自动关门（在电梯并联或者群控时，为了给一些特定的人士提供特别服务，以运载贵宾或货物。按下独立运行按钮，则该电梯脱离群控，独立运行）	功能选择
10	紧急救援运行	对于人力操作提升装有额定载重量的轿厢所需力大于400 N的电梯驱动主机，设置紧急电动运行开关及操作，以替代手动盘车装置	功能选择

续表

序号	功能名称	功能介绍	备注
11	开门再平层运行	电梯停靠在层站，大量进出人或货物，电梯会因为钢丝绳和橡皮的弹性变形，造成平层波动，给人员和货物进出带来不便，这时系统允许在开着门的状态下以再平层速度自动运行到平层位置	配置 MCTC-SCB-A
12	自动返基站	当超过设定时间，仍无内部指令和层站召唤时，电梯自动返回基站等候乘客	标准设置
13	并联运行	两台电梯通过串行通信（CANBUS）进行数据传送，实现厅外呼梯指令的互相协调，提高运行效率	功能选择
14	群控调度运行	多台电梯进行数据通信（CANBUS），计算最快捷有效的运行方式响应厅外召唤	配置 MCTC-GCB-A
15	免脱负载电机参数识别	对于异步电动机，控制系统可以自动辨识电机的电阻、电感、空载电流等控制参数，以便精确控制电机；而对于永磁同步电动机，控制系统可以完成旋转编码器的角度识别	永磁同步机为旋转编码器角度识别
16	井道参数自学习	系统在首次运行前，需要对井道的参数进行自学习，包括每层的层高、强迫减速开关、限位开关的位置	标准设置
17	锁梯功能	自动运行状态下，锁梯开关动作后，消除所有召唤登记。然后返回锁梯基站，自动开门。此后停止电梯运行，关闭轿厢内照明与风扇。当锁梯开关被复位后电梯重新开始进入正常服务状态	标准设置
18	满载直驶	在自动无司机运行状态下，当轿内满载时（一般为额定负载的80%），电梯不响应经过的厅外召唤信号。但是，此时厅外召唤仍然可以登记，将会在下一次运行时服务（单梯），或是由其他梯服务（群控）	标准设置
19	照明、风扇节电功能	当超过设定时间，仍无内部指令和层站召唤时，则自动切断轿厢内照明、风扇等电源	标准设置
20	服务楼层设置	系统可根据需要灵活选择关闭或激活某个或多个电梯服务楼层及停站楼层	功能选择
21	自动修正轿厢位置	电梯每次运行到端站位置，系统自动根据第一级强迫减速开关检查和修正轿厢的位置信息，同时辅助特制的强迫减速彻底排除冲顶和蹲底故障	标准设置
22	错误指令取消	乘客在操纵箱内可以采用连续按动指令按钮两次的方法来取消上次错误登记的指令	标准设置
23	反向自动销号	当电梯运行到终端层站或者运行方向变更时，将此前所登记的反向指令全部自动取消	标准设置
24	前后门服务楼层设置	系统可根据需要分别对前门和后门选择服务楼层	功能选择

续表

序号	功能名称	功能介绍	备注
25	提前开门	电梯自动运行情况下,停车过程中速度小于 0.1 m/s,并且在门区信号有效的情况下,通过封门接触器短接门锁信号,然后提前开门,从而使电梯效率达到最高	配置 MCTC-SCB-A
26	重复关门	电梯持续关门一定时间后,若门锁尚未闭合,则电梯自动开门,然后重复关门	标准设置
27	本层厅外开门	在无其他指令或外召的情况下,若轿厢停靠在某一层站,按下该层站外的召唤按钮后,轿厢门自动打开	标准设置
28	关门按钮提前关门	电梯在自动运行模式下,处于开门保持时,可以通过关门按钮提前关门,以提高效率	标准设置
29	开关门控制功能选择	系统根据使用的门机种类的区别,可以灵活设置开门到位之后、关门到位之后是否持续输出指令的模式	功能选择
30	保持开门时间分类设定	系统根据设定的时间自动判别召唤开门、指令开门、门保护开门、延时开门等不同的保持开门时间	标准设置
31	开门保持操作功能	按开门保持按钮,电梯延时关门,方便货物运输等需求	标准设置
32	楼层显示按位设置	系统允许每一层的显示使用 0~9,以及字母中的任意字符排列组合显示,方便特殊状况使用	标准设置
33	运行方向滚动显示	电梯运行中,厅外显示板滚动显示运行方向	配置 MCTC-HCB-H
34	电梯状态点阵显示	通过点阵模块显示电梯的运行方向、所在层站、电梯状态(如故障、检修)等情况	配置 MCTC-HCB-H
35	跳跃楼层显示	灵活定义厅外显示板显示内容,可以根据需要将显示设置为非连续数据	配置 MCTC-HCB-H
36	防捣乱功能	系统自动判别轿厢内的乘客数量,并与轿内登记的指令比较,如果登记了过多的呼梯指令,则系统认为属于捣乱状态,取消所有的轿厢指令,需要重新登记正确的呼梯指令	配置轿厢称重设备
37	全集选	在自动状态或司机状态下,电梯在运行过程中,在响应轿内指令信号的同时,自动响应厅外上下召唤按钮信号,任何服务层的乘客都可通过登记上下召唤信号召唤电梯	标准设置
38	上集选	在自动状态或司机状态下,电梯在运行过程中,在响应轿内指令信号的同时,自动响应厅外上召唤按钮信号	功能选择
39	下集选	在自动状态或司机状态下,电梯在运行过程中,在响应轿内指令信号的同时,自动响应厅外下召唤按钮信号	功能选择
40	分散待梯	只有配有并联、群控系统才能选择该功能。当并联、群控系统中电梯有处于同一层站的情况,并联、群控系统就开始分散待梯运行,将电梯运行至空闲层站	功能选择

续表

序号	功能名称	功能介绍	备注
41	电流斜坡撤除	在永磁同步电动机应用现场中,电梯运行减速停车后,电动机的维持电流通过斜坡的方式撤除,避免这个过程中电动机的异常噪声	功能选择
42	用户设定检查	用户可以通过该功能查找系统参数设置与出厂设置不一致的参数	功能选择
43	高峰服务	并联高峰是指在设置的高峰时间段内,如果从高峰层出发的轿内召唤大于3个,则进入高峰服务,此时该高峰层的内召指令一直有效,电梯空闲即返回该层	功能选择
44	实时时钟管理	系统具有实时时钟芯片,无电源的情况下可以保证2年时钟工作正常	功能选择
45	分时服务	可以灵活设定分时服务时间段和相应的分时服务楼层	功能选择
46	夜间保安层	电梯的保安层,在晚上10点后到清晨6点前保安层有效。电梯每次运行时会先运行到保安层,停层开门,然后再运行到目的楼层,提高安全性	功能选择
47	司机换向	司机可通过专门的按钮选择电梯运行方向	标准设置
48	副操纵箱操作	在有主操纵箱的同时,还可选配副操纵箱。副操纵箱和主操纵箱一样,也装有指令按钮和开关门按钮,这些按钮和主操纵箱上的按钮的操作功能相同	标准设置
49	轿厢到站钟	电梯按照乘客的要求到达目的楼层后,从轿顶板发出提示信号	标准设置
50	厅外到站预报灯	电梯到达该楼层后,通过 MCTC-HCB-B 发出厅外到站预报灯	配置 MCTC-HCB-B
51	厅外到站钟	电梯到达该楼层后,通过 MCTC-HCB-B 发出厅外到站钟	配置 MCTC-HCB-B
52	同层双厅外召唤	同一楼层贯通门时可设置双召唤	功能选择
53	强迫减速监测功能	系统在自动运行模式下,根据强迫减速开关位置及开关动作情况来监测、校正电梯轿厢的位置	标准设置
54	外召粘连识别	系统可以识别出厅外召唤按钮的粘连情况,自动去除该粘连的召唤,避免电梯由于外召唤按钮的粘连情况而无法关门运行	功能选择
55	称重信号补偿	系统可以在高端应用场合中使用称重信号,对电梯的启动进行补偿	功能选择
56	平层微调	通过 F4-00 参数的调整,可以对平层精度进行微调	标准设置
57	换站停靠	如果电梯在持续开门超过开门时间后,开门限位尚未动作,电梯就会变成关门状态,并在门关闭后,自动登记下一个层站运行	标准设置

续表

序号	功能名称	功能介绍	备注
58	故障历史记录	系统具有11个故障记录,包括故障产生的时间与楼层等信息	标准设置
59	对地短路检测	系统在第1次上电的情况下可以对输出U、V、W进行检测,判断是否存在对地短路的情况	标准设置
60	超载保护	当电梯内载重超过额定载重时电梯报警,停止运行	标准设置
61	门光幕保护	关门过程中,当门的中间有东西阻挡时,光幕保护动作,电梯转为开门。但光幕保护在消防操作时不起作用	标准设置
62	门区外不能开门的保护	系统在非门区状态,禁止自动开门	标准设置
63	逆向运行保护	系统对旋转编码器的反馈信号方向进行识别,在运行中判断电动机的实际运行方向,一旦为逆向运行则报警提示	标准设置
64	防打滑保护	在非检修状态下,电梯运行过程中,如果连续运行了F9-02规定的时间(最大45 s)后,而且没有平层开关动作过,系统就认为检测到钢丝绳打滑故障,就会停止轿厢的一切运行	标准设置
65	接触器触点检测保护	电梯在运行或者停止状态下,检测到接触器的吸合状态异常时,系统自动保护	标准设置
66	电机过电流保护	检测到电机的电流大于最大允许值时,系统自动保护	标准设置
67	电源过电压保护	检测到电源电压大于最大允许值时,系统自动保护	标准设置
68	电机过载保护	检测到电机过载,系统自动保护	标准设置
69	编码器故障保护	全系统只使用一个高速编码器来进行闭环矢量控制,如果该编码器发生故障,系统自动停机,杜绝因无法得知编码器故障引起的冲顶或蹲底事故	标准设置
70	井道自学习失败诊断	没有正确的井道数据,电梯将不能正常运行,因此在井道自学习未能正确完成时设置了井道自学习失败诊断	标准设置
71	驱动模块过热保护	检测到驱动模块过热,系统自动保护	标准设置
72	门开关故障保护	当检测到电梯开关门超过设定次数以后仍未有效关门,系统停止开关门并输出故障	标准设置
73	运行中门锁断开保护	电梯运行中检测到门锁断开,系统自动保护	标准设置
74	限位开关保护	上(下)限位开关动作后电梯禁止向上(下)运行,但是可以向反方向运行	标准设置

续表

序号	功能名称	功能介绍	备注
75	超速保护	保证轿厢运行时的速度在安全控制范围内,以保证乘客和货物的安全	标准设置
76	平层开关故障保护	电梯在自动运行模式下,识别平层信号的粘连与丢失情况	标准设置
77	CPU故障保护	系统具有3个CPU,相互进行状态判断,一旦有异常则进行保护,封锁所有输出	标准设置
78	输出接触器异常检测	在抱闸打开之前,通过检测输出电流的情况判断输出接触器是否异常	标准设置
79	门锁短接保护	电梯在自动运行模式下,每次开门到位均识别门锁是否存在异常	标准设置

选配功能

序号	功能名称	功能介绍	备注
1	IC卡用户管理	乘客必须持卡才能到达需授权才能进入的楼层	
2	小区监控	通过通信线,控制系统与装在监控室的终端相连,显示电梯的楼层位置、运行方向、故障状态等情况	配置 MCTC-BMB-A
3	电机温度保护	系统检测到电机温度过热后,暂停电梯运行	
4	语音报站	电梯运行过程中自动向乘客播报运行方向及即将到达的层站等信息	
5	地震功能	如果发生地震,地震检测装置动作,该装置有一个触点信号输入到NICE系统,NICE系统就会控制电梯,即使在运行过程中也会就近停靠,然后开门,停止运行	
6	前后门独立控制	前后门独立(前后门操纵箱、前后门召唤盒存在)操作:如果平层前有后门召唤盒(或者后门指令)的本层召唤登记,停下来时开后门;有前门召唤盒(或者前门指令)的本层召唤登记,停下来时开前门;如果两面都有,则两扇门都开。同样,在本层开门时,按的是后门召唤盒的按钮,就开后门;按的是前门召唤盒的按钮,就开前门	
7	群控梯服务层切换	根据时间参数,自由设定服务层	
8	强迫关门	当开通强迫关门功能后,如果由于光幕动作或其他原因使电梯连续60 s没有关门信号,电梯就强迫关门,并发出强迫关门信号	

续表

序号	功能名称	功能介绍	备注
9	VIP 贵宾层服务	需要 VIP 服务时，转一下 VIP 开关，电梯就进行一次 VIP 服务操作：取消所有已登记的指令和召唤，电梯直驶到 VIP 楼层后开门，此时电梯不能自动关门，外召唤也不能登记，但可登记内指令。护送 VIP 的服务员登记好 VIP 要去的目的层指令后，持续按关门按钮使电梯关门，电梯直驶到目的层后开门放客，就恢复正常	
10	残疾人操纵箱操作	当电梯平层待梯时，如果该层楼有残疾人操纵箱的指令登记，则电梯开门保持时间延长；同样，如果在按了残疾人操纵箱的开门按钮后开门，开门保持时间也延长	

参考文献

[1] 顾德仁. 电梯电气原理与设计[M]. 苏州：苏州大学出版社，2013.
[2] 顾德仁. 电梯电气构造与控制[M]. 南京：江苏凤凰教育出版社，2018.
[3] 陈继文，董明晓，李荣福，等. 电梯控制原理及其应用[M]. 北京：北京邮电大学出版社，2012.
[4] 马宏骞，石敬波. 电梯及控制技术[M]. 北京：电子工业出版社，2013.
[5] 陈登峰. 电梯控制技术[M]. 北京：机械工业出版社，2013.
[6] 常国兰. 电梯自动控制技术[M]. 北京：机械工业出版社，2008.
[7] 河南省现代电梯有限公司. 电梯电路图集与分析[M]. 北京：中国纺织出版社，2007.
[8] 窦晓霞. 建筑电气与控制技术[M]. 北京：高等教育出版社，2004.
[9] 魏孔平，朱蓉. 电梯技术[M]. 北京：化学工业出版社，2006.
[10] 朱坚儿，王为民. 电梯控制及维护技术[M]. 北京：电子工业出版社，2011.
[11] 李惠昇. 电梯控制技术[M]. 北京：机械工业出版社，2003.
[12] 张汉杰，王锡仲，朱学莉. 现代电梯控制技术[M]. 哈尔滨：哈尔滨工业大学出版社，2001.
[13] 王宴珑. 电梯安装维修工上岗实训指导[M]. 北京：清华大学出版社，2011.
[14] 石春峰. 电梯电气系统安装与调试[M]. 北京：机械工业出版社，2014.
[15] 王玲，王超. 电梯原理与测试[M]. 北京：机械工业出版社，2015.
[16] 叶安丽. 电梯控制技术[M]. 北京：机械工业出版社，2007.
[17] 姚融融，周小蓉，陆铭，等. 电梯原理及逻辑排故[M]. 西安：西安电子科技大学出版社，2004.
[18] 李乃夫. 电梯维修与保养[M]. 北京：机械工业出版社，2014.
[19] NIICE 3000^{new} 电梯一体化控制器用户手册. 苏州默纳克控制技术有限公司，2016.
[20] 电梯一体化控制系统电气原理图、现场接线图. 苏州远志科技有限公司，2016.
[21] WISH6000 扶梯一体化控制柜（星三角启动）电气原理图、现场接线图. 苏州远志科技有限公司，2016.
[22] THJDDT-5 型电梯控制技术综合实训装置使用说明书. 浙江天煌科技实业有限公司，2012.